Tortue
de jardin

RAINER ZIRNGIBL

Tortue
de jardin

>> **Sommaire**

L'HABITAT NATUREL

ANATOMIE, ANOMALIES ET MALADIES

LA PROTECTION DES TORTUES

LE CLIMAT

>> Introduction

Les tortues sont des « animaux de compagnie » de plus en plus populaires, ce qui rend nécessaire de diffuser largement les informations sur la meilleure manière de les soigner. Même les débutants prendront beaucoup de plaisir à s'occuper de leurs tortues s'ils commencent par se familiariser avec leur mode de vie et avec leurs besoins. Dans ce livre, je présenterai les différences entre les deux sous-espèces de tortues d'Hermann et je donnerai des conseils pour choisir la bonne tortue et lui prodiguer les soins appropriés.

N'oubliez pas que posséder une tortue vous donne des responsabilités. Ce qui signifie que vous devez vous préoccuper de son bien-être. Trop souvent, on achète des animaux sans réfléchir, sur un coup de tête, et sans souci de leur bien-être. Que se passe-t-il une fois que l'enthousiasme initial retombe ? Bien sûr, la joie qu'il procure est une bonne raison d'avoir un animal chez soi, mais cela ne peut pas être la seule. Son bien-être doit être votre souci premier. J'ai fait mes premières expériences avec les animaux dès mon enfance. Je ne me souviens pas qu'il n'y ait jamais eu d'animaux chez nous. Nous vivions avec des chiens, des chats, des oiseaux, divers rongeurs, des grenouilles, des lézards et des tortues. Ces dernières sont depuis longtemps mes compagnons préférés. Ce livre se base sur ma propre expérience avec les tortues. Élever des tortues de manière adaptée à leurs besoins, les étudier et accumuler suffisamment d'expérience prend du temps, et j'ai bien sûr fait beaucoup d'erreurs… qui m'ont conduit à améliorer mes techniques d'élevage pour en éviter d'autres. Quand on s'occupe de tortues depuis des années, on constate que ces animaux souvent décrits comme « ennuyeux » ont en réalité des caractères très différents.

Ce livre veut aider le lecteur à acquérir une meilleure compréhension de ces adorables reptiles à carapace. Avec la méthode d'élevage que je présente, plus de 2 000 jeunes tortues ont vu le jour ces dernières années. Ce livre se base sur mon expérience et celles d'autres amateurs de tortues. Avec la disparition des espaces naturels, les tortues perdent leurs habitats. Il est devenu important de reproduire en captivité les différentes espèces, même celles considérées comme relativement communes. Il existe maintenant de nombreuses souches d'élevage de la tortue d'Hermann, rendant inutile leur prélèvement dans la nature. Les programmes à grande échelle de reproduction en captivité (comme à Gonfaron dans le massif des Maures ou à Massa Maritima en Toscane) doivent servir à repeupler les habitats d'origine de l'espèce.

N'oubliez jamais que votre tortue est un animal sauvage et doit être traitée comme tel. Même les tortues d'élevage, qui n'ont connu que la vie en terrarium, ont les mêmes besoins que leurs congénères sauvages.

< La beauté de cette tortue d'Hermann n'échappera à personne. *Testudo hermanni hermanni.*

> L'achat et le choix

Ces dernières années, on constate un engouement croissant pour les tortues. L'aspect préhistorique de ces reptiles et la douceur de leur comportement séduisent beaucoup de gens.

Réfléchir avant de se lancer ⬥⬥⬥

Il y a encore 25 ans, des milliers de tortues étaient prélevés chaque année dans leur mil eu naturel. Elles parvenaient dans des conditions effroyables jusque dans les animaleries et finalement dans nos maisons. On pouvait les acheter presque partout pour quelques euros. Les tortues passaient pour des animaux robustes et faciles à soigner, ne réclamant pas beaucoup d'attention. Pas étonnant que les tortues détenues dans ces tristes conditions ne survivaient pas à leur première année de captivité. À cette époque, la réglementation sur la détention et l'élevage des espèces était rudimentaire. Les tortues étaient simplement élevées par terre ou dans des boîtes en carton, dans un coin obscur ou trop froid de la maison ou du jardin, inadapté aux besoins de ces animaux. Quand la température baissait à l'automne, leur sort était scellé la plupart du temps. À cause d'une préparation inadaptée à l'hiver et de mauvaises conditions d'hibernation, la plupart des tortues ne survivaient pas au premier hiver. Ce qui ne chagrinait personne, car il suffisait de racheter une ou plusieurs tortues le printemps suivant, pour une somme modique. Malgré leur aspect robuste, les nouvelles tortues affaiblies par la capture, le transport et de mauvaises conditions de vie mouraient à leur tour. Mais depuis l'interdiction de capture et d'importation de la tortue d'Hermann, l'élevage reproductif fournit l'essentiel du commerce. Les tortues d'élevage n'ont pas besoin d'être habituées au terrarium, puisqu'elles ne connaissent pas d'autre mode de vie.

Acheter une tortue ⬙⬙⬙

Vous avez la place pour installer un terrarium et pour loger les tortues en plein air l'été, sur un balcon ou dans le jardin. Votre entourage (le syndic, les voisins et bien sûr les autres membres de la famille) n'a rien contre.

Beaucoup de tortues séduisantes d'aspect sont difficiles à soigner et doivent être réservées aux spécialistes. La tortue d'Hermann est facile à élever et peut-être même à reproduire, même pour un débutant, à condition d'observer certaines règles de base.

Il vaut mieux s'adresser à une animalerie possédant un rayon terrariophilie. Ces magasins ont souvent des tortues d'élevage disponibles et ont l'expérience des soins à leur donner. Cela vous laisse aussi la possibilité d'interroger le vendeur, qui vous donnera de précieux conseils.

Vous pouvez aussi vous adresser à une association de terrariophiles, qui vous fournira le nom et l'adresse d'un éleveur proche de chez vous.

Chez l'éleveur, vous pourrez observer les conditions de vie des animaux et obtenir des réponses aux questions que vous vous posez. Beaucoup d'éleveurs ont de longues listes d'attente, mais l'éleveur pourra aussi vous recommander un terrariophile amateur ayant des tortues à donner. Une autre solution est d'adhérer à une association spécialisée telle que la Fédération francophone pour l'Élevage et la Protection des Tortues, ou l'Association française de Terrariophilie. Leurs bulletins, ainsi que les revues spécialisées, publient des annonces de tortues à vendre ou à donner. Dans tous les cas, allez chercher vous-même votre tortue afin de voir l'installation de l'annonceur. Les tortues doivent y être élevées conformément à leurs besoins et à la réglementation en vigueur. Enfin, vous trouverez peut-être l'animal de vos rêves dans les bourses de terrariophiles, de plus en plus nombreuses. Dans tous les cas, vérifiez l'origine légale des animaux, qui doivent correspondre aux documents que le vendeur vous fournira (documents CITES ou certificat intracommunautaire avec le bon de cession).

⚠ **Attention**

Choisissez toujours des animaux issus d'élevage et non des animaux prélevés dans la nature.

Opter pour une tortue, c'est prendre une responsabilité pour de nombreuses années. Avant d'en acheter une, demandez-vous une dernière fois si vous serez toujours en mesure de vous occuper d'elle.

Certaines tortues d'Hermann vivent plus de 40 ans en captivité. L'objectif de tout propriétaire de tortue devrait être de faire reproduire ses animaux. C'est pourquoi je déconseille d'élever une tortue seule ou plusieurs tortues d'espèces différentes. Un groupe de 3 à 7 tortues de la même espèce est préférable. Un tel groupe ne demande pas beaucoup plus de travail qu'une tortue solitaire, et il augmentera nettement les chances de trouver un couple reproducteur harmonieux.

Comment choisir sa tortue ? ⩘⩘⩘

Il est important de prendre le temps d'observer les tortues en détail. Demandez au vendeur l'âge des animaux, leur nom français et scientifique, depuis combien de temps il les possède. Renseignez-vous sur leur pays d'origine ou, s'il s'agit de tortues d'élevage, sur celui des parents. Demandez à pouvoir prendre quelques tortues en main pour les observer de plus près.

Chez les tortues de moins de 2 ans, le dessous de la carapace (plastron) n'est pas complètement durci ; jusqu'à 5 ans, il est plus dur mais encore élastique.

▽
Dans cette animalerie, les tortues sont maintenues dans le respect de leurs besoins naturels.

∧
Il n'est pas toujours facile de choisir une jeune tortue. Ici, une partie des tortues nées dans mon élevage. *Testudo hermanni hermanni, Testudo hermanni boettgeri* et *Testudo horsfieldii*.

aucune influence sur l'état de santé actuel de l'animal. Recherchez particulièrement la présence de blessures et de peau morte au niveau des creux des pattes, du cou et de la queue. Pour finir, observez les griffes ; elles doivent être fermes, sans inflammation purulente.

Puis replacez la tortue dans le terrarium et observez-la. Elle doit se déplacer sans gêne, la carapace soulevée et horizontale. Demandez au vendeur de lui donner un peu de nourriture pour observer son comportement. Renseignez-vous sur la nourriture, sur les préférences de l'animal et sur ses conditions de vie jusqu'à maintenant. Un vendeur consciencieux vous accordera le temps d'observer et de choisir tranquillement. Une fois que vous avez trouvé la ou les tortues de vos rêves, le vendeur doit vous fournir les **documents obligatoires pour la vente**. Depuis 1997, il s'agit d'un **certificat intracommunautaire (CIC) prouvant l'origine de l'animal.** Le vendeur doit également vous fournir un bon de cession séparé ainsi qu'une attestation de marquage.

Mais avant tout, vous devez avoir la place et la possibilité d'héberger correctement une ou plusieurs tortues, ce qui inclut un terrarium aménagé et un enclos en plein air pour l'été.

Le dessus de la carapace (dossière) doit être lisse et le centre des écailles (aréoles) ni bombé ni déformé. Chez les sujets plus âgés, la carapace doit être durcie. Les yeux doivent être clairs, les paupières ne doivent être ni gonflées ni retombantes. Le nez doit être propre et sec, sans écoulement. L'animal doit respirer sans bruit, le museau fermé. Des bulles devant le nez indiquent une maladie. Recherchez des blessures fraîches et non cicatrisées. Les blessures guéries de la peau ou de la carapace n'ont

Les enfants et les tortues ⬥⬥⬥

Les animaux ne sont pas des jouets. En raison de leur manque de sens des responsabilités et d'expérience, les jeunes enfants ne sont pas aptes

 *Les tortues ne sont pas des jouets ! Avant l'achat, demandez-vous si votre enfant est capable de s'en occuper correctement. Les tortues n'aiment pas qu'on les prenne constamment dans les mains.*

à s'occuper d'animaux. Très vite, ils perdent leur enthousiasme initial. Bien sûr, certains enfants sont parfaitement capables d'observer une tortue sans vouloir la prendre dans la main. Les tortues sont des animaux très fragiles et très peu d'entre elles survivent à une chute sur le sol dur de la maison ou sur une pelouse depuis une grande hauteur. Votre enfant doit avoir au moins 7 ou 8 ans et s'intéresser aux tortues. En vous rendant chez un éleveur ou chez un amateur, vous verrez s'il vous paraît capable de s'acquitter seul des tâches nécessaires aux soins des tortues.

Rappelez-vous qu'une tortue peut vivre très longtemps et que, une fois que votre enfant aura perdu son intérêt, c'est à vous qu'il reviendra de vous occuper d'elle. L'aspect hygiénique n'est pas non plus à négliger. Les jeunes enfants mettent souvent les doigts à la

Pour éviter tout stress lorsque vous regardez le ventre de l'animal, ne le tenez jamais sur le dos.

bouche. Apprenez-leur à se laver soigneusement les mains après chaque contact avec un animal. Beaucoup d'enfants respectent cette prescription. Bien sûr, c'est aux parents qu'il revient de décider si leur enfant est en mesure de s'occuper d'un animal.

Les différentes sous-espèces

Testudo hermanni est divisée en deux sous-espèces. La sous-espèce orientale *Testudo hermanni boettgeri* et la sous-espèce occidentale *Testudo hermanni hermanni* se distinguent sur plusieurs points.

Testudo hermanni boettgeri

C'est de loin la tortue la plus fréquemment élevée et la plus facile en captivité. La dossière est généralement bombée et ronde, mais parfois aussi plate et allongée. La couleur est brunâtre à jaune avec des taches noires aux contours nets. Les couleurs sont parfois délavées chez les tortues âgées.

Le plastron est couleur de corne avec, de part et d'autre de la suture médiane, des bandes ou taches noires séparées. Les écailles humérales sont plus larges que les écailles fémorales au niveau de la suture médiane. La tête est souvent

≪
T. hermanni boettgeri. Sujet extrêmement sombre dans son milieu naturel en Grèce. Notez la longue pointe cornée terminant la queue de ce vieux mâle.

brune à noire avec des petites écailles sur le dessus. Les pattes avant portent également de petites écailles et sont parfois tachetées de noir. En général, elles possèdent cinq griffes, souvent sombres à la base. Les pattes arrières sont plus massives, brunâtres à jaunâtres. La queue puissante se termine par une pointe cornée, nettement plus grande chez les mâles âgés.

Chez la femelle, la queue est plus petite et recourbée sous la carapace. Les écailles supracaudales sont généralement au nombre de deux, mais elles sont souvent soudées dans certaines populations.

Chez les animaux sauvages, la longueur finale est de 20 à 25 cm pour une femelle et de 18 à 22 cm chez le mâle. On connaît des populations où les femelles ne mesurent que 17 cm et les mâles 12 cm. Chez les sujets élevés en captivité, certains sont de vrais géants. Mais une longueur de 35 cm pour un poids de 5 kg trahit une alimentation

⋀
T. hermanni boettgeri. Femelle âgée et très sombre. Le dessous est presque noir uni.

et un mode d'élevage inadaptés.

Son aire de répartition recouvre l'ex-Yougoslavie, l'Albanie, la Roumanie, la Bulgarie, la Grèce, la Sicile et le sud de l'Italie.

Cette sous-espèce est nettement plus active que l'autre.

> Intéressante variante jaune de *T. hermanni boettgeri*.

> Variante colorée fréquente chez *T. hermanni boettgeri*. Cette femelle encore jeune est déjà sexuellement mature.

Testudo hermanni hermanni

Cette autre sous-espèce est moins fréquente en captivité. La carapace est bombée et les couleurs sont plus intenses. La couleur jaune est plus vive et fait un beau contraste avec les taches noires de la dossière. Celles-ci sont parfois délavées chez les tortues âgées, mais le jaune conserve généralement son intensité. De part et d'autre de la suture médiane du plastron, on voit deux bandes noires d'un seul tenant.

Les écailles humérales sont moins larges que les écailles fémorales au niveau de la suture médiane. La tête est olive à jaunâtre, avec quelques taches noires isolées. Sur la joue se trouve souvent une tache suboculaire jaune, mais elle est parfois absente.

Les pattes avant ne présentent généralement pas de taches noires, un caractère distinctif utile chez les jeunes. Les griffes sont claires à la base, au moins chez les tortues de Toscane (ce n'est pas

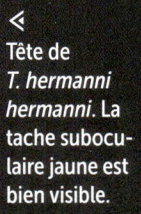

≪
Tête de *T. hermanni hermanni*. La tache suboculaire jaune est bien visible.

≪
Les bandes noires continues du plastron sont bien visibles.

≪
Femelle adulte de *T. hermanni hermanni*.

Jeune *T. her-
manni herman-
ni*. Notez les
griffes claires et
les pattes avant
jaunes.

toujours le cas dans les Maures, les Baléares et en Sardaigne). La queue jaune
est nettement plus grande chez le mâle
et possède aussi une pointe cornée à
l'extrémité.

Les écailles supracaudales sont au
nombre de deux, et il est beaucoup plus
rare qu'elles soient soudées chez cette
sous-espèce. La longueur finale est de
16 à 20 cm pour la femelle et de 11 à
17 cm pour le mâle. Cette sous-espèce
est plus calme que l'autre.

Elle est présente dans l'est de l'Es-
pagne, dans les Baléares, dans le massif
des Maures, en Corse, en Sardaigne et
en Toscane.

Une seule espèce mais très variable

Du point de vue de la taille, de la couleur et de la forme, on a du mal à croire
que les différentes formes de *Testudo
hermanni boettgeri* sont une seule et
même sous-espèce. La longueur finale
des individus varie énormément. Dans
certaines régions, le mâle atteint 14 à
17 cm et la femelle 20 à 22 cm. Dans
une population isolée du Péloponèse,
les mâles ne font que 10,5 cm et les
femelles 12 cm. Inversement, certains
individus de Macédoine et d'Albanie
sont de vrais géants, avec 24 cm chez
le mâle et 30 cm chez la femelle.

La coloration est encore plus variable, de jaune uni à presque noir en
passant par le brun. Les animaux vivant

« Une alimentation inadaptée à base de conserves pour chats et pour chiens a fait de cette femelle une géante, avec plus de 30 cm de long et un poids de 5 kg.

sur le littoral sont souvent plus clairs, tandis que ceux de l'intérieur et des montagnes sont plus foncés. Cela s'explique par les différences climatiques : les sujets sombres se réchauffent plus vite et sont plus adaptés au climat froid des montagnes. La forme du corps est également très variable : de bombée et ronde à plate et allongée, tout est possible chez *T. hermanni boettgeri*. Dans les régions que j'ai visitées, il n'y avait toujours que des animaux d'un seul type de taille et de forme, même si la coloration pouvait varier. De même, j'ai pu constater de petites différences de coloration chez les tortues issues d'une même ponte, mais jamais des individus noirs avec des individus jaunes.

Les différences de forme sont également mineures entre animaux d'une même ponte. En observant les différentes variétés de *T. hermanni boettgeri*, je ne suis pas loin de penser que les différences sont si grandes qu'il pourrait s'agir de sous-espèces différentes. J'irai même jusqu'à affirmer que les différences entre certaines variétés de

T. hermanni boettgeri sont plus grandes qu'avec *T. hermanni hermanni*, considérée depuis longtemps comme une sous-espèce distincte. L'aire de répartition relativement grande de *T. hermanni boettgeri* laisse soupçonner l'existence d'autres sous-espèces. En regardant attentivement les photos de ces pages, même un débutant pourra aisément constater les différences entre les variétés de *Testudo hermanni boettgeri*.

« Mâle de *T. hermanni hermanni* prenant un bain de soleil.

> Un élevage proche des conditions naturelles

*Contrairement aux idées reçues, la tortue reste un reptile :
elle a des besoins spécifiques, en termes d'alimentation bien sûr,
mais aussi en termes de logement, puisqu'elle partage son
existence entre son terrarium et le jardin.*

Le transport et l'acclimatation ⬘⬘⬘

Transportez de préférence vos tortues dans une boîte en polystyrène, avec un peu de substrat ou de journaux froissés pour les empêcher de glisser. Protégez-les des courants d'air, du froid et de tout stress inutile.

À **la maison, ne les placez pas tout de suite dans le terrarium**, mais d'abord dans un récipient avec un fond d'eau tiède. Si l'une d'elles s'est soulagée pendant le transport, elle pourra refaire le plein d'eau. Après le bain, qui peut durer 5 minutes, séchez vos tortues et posez-les enfin dans le terrarium chauffé et déjà aménagé, avec de quoi manger et une écuelle d'eau fraîche.

Résistez à l'envie de les prendre en main ou de les poser sur le sol. Laissez-les tranquilles les premiers jours et contentez-vous de les regarder à travers la vitre du terrarium ou de loin dans leur enclos extérieur. Après quelques jours, elles se seront habituées et se montreront plus actives.

⚠ **Attention**

Si vous avez déjà des tortues, il est nécessaire de mettre les nouveaux venus en quarantaine dans un terrarium équipé. Ma recommandation de les garder en quarantaine pendant au moins 6 mois pourra paraître exagérée, mais l'expérience montre que cette durée est nécessaire pour bien évaluer l'état de santé de vos protégés. Certaines tortues ne présentent des symptômes de maladies qu'au bout de plusieurs mois et peuvent contaminer tout le groupe si elles ne sont pas séparées.

Si vous les achetez à la fin de l'été, elles doivent hiberner séparément et ne pas rejoindre les autres dès le réveil printanier, car il faut plusieurs semaines après le réveil avant que d'éventuelles maladies ne se manifestent.

L'alimentation ⬘⬘⬘

Beaucoup d'échecs sont dus à une connaissance insuffisante des besoins alimentaires des tortues, c'est pourquoi j'ai opté pour une alimentation aussi naturelle que possible de mes protégées. Grâce à elle, j'ai pu constater une croissance normale, une activité accrue et beaucoup moins de maladies d'origine alimentaire. Le taux de fécondation des œufs est monté à 90 % et la mortalité juvénile a beaucoup diminué.

La tortue d'Hermann est herbivore. Dans son milieu naturel, il lui arrive de manger de temps à autre des aliments animaux sous forme de lombrics, d'escargots, d'insectes morts ou même de charognes. Mais il s'agit essentiellement de cas fortuits et l'essentiel de son alimentation est végétal.

La qualité des aliments est cruciale. Ceux-ci doivent être frais et variés. On peut donner aux tortues à peu près tout ce qui pousse dans une prairie naturelle non traitée et éloignée des routes. Choisissez des plantes en fin de croissance, car leur teneur en fibres est plus élevée et favorise une bonne digestion.

Si vous avez un jardin, vous pouvez même cultiver leurs plantes préférées. Pour convenir aux tortues, un végétal doit avoir un rapport calcium/

phosphore élevé, c'est-à-dire qu'il doit contenir beaucoup de calcium et peu de phosphore.

Le pissenlit est un excellent aliment qu'on trouve presque partout ; les tortues mangent les feuilles, les fleurs et les tiges.

Le persil a aussi un bon rapport calcium/phosphore, malheureusement beaucoup de tortues le refusent.

Voici les plantes préférées de mes tortues : plantain lancéolé, grand plantain, toutes les espèces de trèfle, pâquerette (fleurs et feuilles), tussilage, chardons et cirses, luzerne, liseron, feuilles de vignes et de plantes grasses comme les orpins, diverses laîches, renoncule âcre, feuilles et fleurs de courgette, feuilles de concombre et de courge, chou vert et chou de Chine.

On peut aussi cultiver au jardin toutes sortes de salades sans engrais chimique, notamment chicorée, pain de sucre, iceberg et romaine. La laitue est également appréciée, mais elle contient beaucoup de nitrates et elle est mal supportée. Les salades doivent être données de façon limitée. Si vous devez acheter la salade, lavez-la toujours à l'eau tiède. Choisissez toujours des salades de bonne qualité, car les aliments avariés ne conviennent absolument pas aux tortues.

En été, ajoutez un complément de foin de bonne qualité, car cela correspond à leur nourriture naturelle.

Les fruits et légumes ne conviennent pas. Certes, les tortues raffolent des tomates, des fraises, des cerises, des pastèques et autres, mais cela ne signifie pas que ce sont de bons aliments pour elles, contrairement à ce qu'affirment de nombreux ouvrages. Les fruits ont une action négative sur la flore intestinale. La forte teneur en fructose des fruits mûrs provoque des fermentations intestinales qui se traduisent par des diarrhées et par la présence d'aliments incomplètement digérés dans les crottes.

Évitez également le pain blanc trempé dans du lait, la viande de bœuf hachée, les aliments en conserve pour chiens et chats, les bâtonnets pour poissons d'aquarium, le poisson cru, le fromage blanc et autres produits laitiers. En raison de leur teneur parfois élevée en protéines animales, les granulés pour tortues du commerce doivent être proposés aux tortues d'Hermann seulement en complément d'une alimentation fraîche. Donnés en excès, il en résulterait une croissance trop rapide, des troubles rénaux et une carapace difforme.

Mes nombreux voyages dans la région d'origine de la tortue d'Hermann m'ont donné un aperçu de l'alimentation des tortues sauvages. J'ai pu constater qu'elle est très diversifiée. Ici une fleur rouge, là une jaune et plus loin une feuille verte. Les tortues évoluent au milieu d'un somptueux tapis de fleurs qui disparaît fin juillet. Les faibles précipitations et les fortes températures dessèchent rapidement la végétation basse et les tortues doivent se contenter de plantes sèches. À l'automne, quand la pluie reverdit la végétation, elles peuvent à nouveau se régaler de plantes fraîches.

» Le pissenlit est certainement le meilleur aliment. On le trouve un peu partout du début du printemps jusqu'aux premières gelées.

« Le séneçon commun est apprécié par les tortues.

» Le plantain lancéolé est fréquent sur les sols non traités et les tortues l'apprécient beaucoup.

« Les boutons d'or (renoncules) et leurs fleurs jaunes ont toujours été bien acceptés par toutes mes tortues.

» La forte teneur en fibres du grand plantain en fait un excellent aliment.

« Les plantes grasses comme l'orpin brûlant sont faciles à cultiver et sont un excellent aliment.

» Le mouron des oiseaux est apprécié par les jeunes tortues comme par les adultes.

« L'orpin reprise est courant dans les jardins d'ornement. Les tortues mangent les feuilles et les fleurs rougeâtres.

Vitamines
et minéraux △△△

Les tortues meurent plus souvent d'un excès de vitamines que d'une carence. Les tortues sauvages ne manquent jamais de vitamines.

L'une des plus importantes est la vitamine D3, que l'organisme des tortues produit lui-même quand il est exposé à la lumière directe du soleil. C'est une vitamine dont l'excès peut entraîner divers désordres. Les symptômes d'une carence en vitamine D3 sont une carapace bossue et ramollie ainsi qu'un besoin de bouger plus intense. Si nos protégées sont exposées à la lumière solaire non filtrée, un complément en vitamine D3 est superflu. En nourrissant mes tortues avec une diversité de plantes sauvages, je n'ai jamais constaté de carence. Cela signifie qu'on peut élever les tortues en plein air sans complément vitaminé, du moment qu'elles y trouvent des aliments adaptés et de grande qualité.

En revanche, des tortues élevées en terrarium ont besoin d'une juste mesure de vitamines. Il faut également les éclairer avec des sources UVB, rayonnements ultraviolets permettant la synthèse de vitamine D3 par leur organisme. Les compléments à base de calcium du commerce sont souvent additionnés de vitamines et suffisent si on les associe à une alimentation adaptée et équilibrée. Les compléments minéraux que vous achetez doivent avoir une forte teneur en calcium et une faible teneur en phosphore. Vous trouverez des compléments calciques dans les animaleries ou chez le vétérinaire à des prix abordables.

Ajoutez des minéraux pour les femelles adultes, qui ont besoin de produire les coquilles des œufs, et chez les

«
Âgé de 7 ans seulement, ce *T. hermanni boettgeri* mâle présente une forte déformation de la carapace et du plastron à cause d'une alimentation inadaptée.

jeunes. Les préparations déjà citées, les os de seiche (entiers ou râpés), les coquilles d'œufs de poule broyés et stérilisées au micro-ondes, le sable de corail et les coquilles de moules broyées donnent des résultats acceptables. Renseignez-vous sur les préparations qu'utilisent d'autres amateurs de tortues et les vendeurs animaliers, qui propset le plus souvent du calcium pur sous forme de poudre prête à l'emploi.

∧
Plastron du mâle de *T. hermanni boettgeri*.

Digestion et excrétion ✿✿✿

La digestion des tortues dépend beaucoup de la température ambiante. S'il ne fait pas assez chaud, la digestion se prolonge beaucoup ou bien les aliments sont incomplètement digérés. Cela s'observe parfois au printemps chez les tortues élevées en plein air, quand leurs crottes contiennent des restes de nourriture. Chez la tortue d'Hermann, 4 semaines peuvent s'écouler entre l'ingestion des aliments et la défécation, ce dont il faut tenir compte quand on la prépare à l'hibernation.

La crotte se constitue d'une partie sombre et d'une partie claire. La par-

> Une croissance lente et naturelle est difficile à obtenir en captivité. Ici un mâle de *T. hermanni boettgeri* dans son milieu naturel, en Grèce.

> Crotte d'une tortue en bonne santé et correctement nourrie.

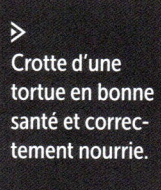

« L'acide urique non soluble est excrété sous la forme d'une bouillie blanche.

∧
Des tortues
dans leur terra-
rium d'intérieur.

tie sombre correspond aux matières fécales proprement dites ou fèces ; elle est ferme, allongée et normalement noire, vert foncé ou brun foncé, et contient des fibres si l'animal reçoit une alimentation riche en fibres. La partie claire est faite d'urine et d'acide urique non soluble.

En vérifiant régulièrement les crottes que vous retirez du terrarium, vous pourrez contrôler la digestion et l'état de santé de vos tortues.

L'urine est liquide à molle et incolore, tandis que l'acide urique forme une bouillie épaisse et blanche.

Une température trop basse ou une alimentation incorrecte peuvent leur donner des diarrhées. Dans ce cas, un apport mesuré de feuilles de saules est un remède très efficace : en peu de temps, les crottes se raffermissent et la digestion redevient normale. On favorisera le retour à la normale en gardant la tortue en chaud pendant ce temps.

⚠ **Important**

L'idée répandue selon laquelle la partie blanche est constituée de calcium superflu éliminé par l'organisme est fausse. Si j'insiste là-dessus, c'est parce que beaucoup de propriétaires de tortues croient à tort donner suffisamment de calcium à leurs protégées.

Le terrarium d'intérieur ⬥⬥⬥

Héberger vos tortues dans un terrarium adapté est de la plus grande importance. Même dans nos maisons, nos tortues restent des animaux sauvages et elles doivent vivre selon leurs besoins.

Un terrarium est utile pour élever les jeunes et pour prolonger la saison chaude au printemps et en automne. Ce doit être un vrai terrarium, pas une

⌃ Les copeaux de bois ont souvent été critiqués. Pourtant, ils n'ont jamais eu d'effet néfaste sur mes tortues.

Si le terrarium est fermé par un couvercle, les côtés doivent être percés d'aérations, mais en prenant bien soin d'éviter les courants d'air. Mais le dessus peut très bien rester ouvert, cela facilitera le nourrissage et l'entretien.

Enfin, le terrarium doit être posé sur un support suffisamment solide car son poids total est loin d'être négligeable.

L'éclairage ⬥⬥⬥

Dans un terrarium à reptiles, la chaleur et la lumière sont indispensables, et l'éclairage du terrarium joue un rôle essentiel pour la santé de nos protégées. Les animaleries proposent maintenant des équipements adaptés à l'élevage des reptiles. J'utilise des tubes fluorescents de la longueur du terrarium. N'utilisez que des lampes protégées contre les éclaboussures d'eau et adaptées à une utilisation dans un espace humide. Préférez des ampoules dont le spectre lumineux se rapproche de la lumière naturelle, émettant notamment des UVB. Ces tubes doivent être remplacés tous les 6 à 10 mois, car leur luminosité baisse rapidement après cette durée. Une lampe à réflecteur, par exemple un spot, installée à 30 cm du sol environ permettra de réchauffer la portion de sol éclairée.

caisse, aménagé en fonction de leurs besoins. Il doit avoir une surface d'aération suffisante et sa superficie dépend du nombre de tortues. Compter 2 m2 pour un couple adulte et 100 x 50 cm pour un groupe de 3 à 5 jeunes. Il s'agit de valeurs minimales à respecter dans tous les cas.

N'oubliez pas que vos tortues vont continuer de grandir et que d'autres les rejoindront peut-être plus tard. Il vaut mieux acheter un grand terrarium tout de suite plutôt que d'en racheter un chaque année. Les animaleries proposent des terrariums en tailles standards. Le verre est le matériau le plus fréquent, mais le bois et le plexiglas conviennent également. Vous pouvez aussi récupérer un ancien aquarium, à condition qu'il soit suffisamment grand et aéré. Si vous êtes bricoleur, il vous sera facile de coller ensemble les vitres avec du silicone.

Un thermomètre permettra de vérifier que la température dans ce secteur se maintient entre 30 et 35 °C. Préférez les lampes à réflecteur pour reptiles, qui émettent des UVB, aux lampes à réflecteur normales. La durée d'éclairage doit être comprise entre 10 et 14 heures par jour.

⚠ **Important**

L'humidité persistante dans le terrarium est à bannir.

Vue partielle du terrarium de l'auteur servant à l'élevage des jeunes. Les ampoules avec réflecteur procurent à la fois lumière et chaleur.

Agrionemys horsfieldii juvéniles dans leur terrarium.

Une plaque chauffante, disponible en diverses tailles et puissances dans les animaleries, peut être utile pour chauffer davantage les animaux malades. Il faut alors l'installer sous le terrarium et en complément de la lampe chauffante. Cela dit, câbles et tapis chauffants ne sont pas nécessaires si le terrarium est installé dans une pièce normalement chauffée et sans courant d'air.

Dans tous les cas, seule la moitié du terrarium doit être chauffée afin que les tortues puissent se retirer dans la partie plus fraîche. Un thermostat évitera de trop chauffer le terrarium, et un programmateur assurera l'alternance des périodes d'éclairage et d'obscurité même en votre absence. Un éclairage régulier se traduit par une croissance régulière et une plus grande activité des animaux. Les ampoules à basse consommation assurent un éclairage insuffisant, mais peuvent servir à produire des UVB.

Le substrat ⟨⟨⟨

La surface du terrarium doit être divisée en deux zones, l'une chaude et sèche, l'autre plus fraîche et plus humide.

Le spot placé au-dessus de la zone chaude permet de réchauffer le substrat à 35 °C environ. Un mélange de sable grossier et de terre de jardin est un bon choix pour la zone chaude. Pour la zone fraîche, un mélange de feuilles de hêtre et de mousses est apprécié par les tortues, qui aiment s'y enfouir, et il est facile à maintenir humide. Mais attention aux moisissures. La profondeur de ce substrat ne doit pas être inférieure à 5-10 cm afin que les tortues puissent s'y enfouir pendant la nuit. Rien ne s'oppose à la présence de diverses mousses, qu'il est facile de garder légèrement humides en permanence et qui augmentent l'humidité de l'air.

Des plantes d'intérieur non toxiques et placées hors de portée des tortues ne donnent pas seulement un aspect naturel au terrarium, elles contribuent aussi à améliorer le climat à l'intérieur du terrarium. Les cactées piquantes sont à proscrire, de même que les insecticides et les engrais chimiques. Vous

> Pour pondre leurs œufs, mes tortues femelles apprécient toujours le monticule de ponte.

trouverez des plantes adaptées chez le fleuriste, qui pourra vous renseigner sur leur toxicité. Lavez impérativement les plantes avant de les introduire dans le terrarium afin d'éliminer les pesticides qui pourraient persister à leur surface.

L'enclos à tortues ◈◈◈

La tortue d'Hermann a besoin de vivre en plein air. Le meilleur emplacement pour un enclos extérieur est l'endroit le plus ensoleillé de votre jardin, de préférence orienté au sud ou au sud-est et adossé contre la maison ou contre un mur (pour l'accumulation de la chaleur) Un talus orienté au sud convient aussi très bien et correspond au milieu naturel de la tortue d'Hermann. Si ce lieu est protégé du vent et éloigné de tout arbre susceptible de faire de l'ombre, alors c'est l'emplacement idéal.

Divers matériaux peuvent servir à créer la bordure de l'enclos, à l'exception des matériaux transparents. En effet, les tortues ne les reconnaissent pas comme un obstacle et s'obstinent à vouloir passer outre ; du verre armé peut convenir à la rigueur. Choisissez plutôt des dalles de béton, des briques, des pierres naturelles, des rondins ou des planches de bois, de l'aluminium ou de la tôle de cuivre… Les pierres de bordure en béton sont faciles à planter, résistantes et faciles à habiller de bois. Pour la tortue d'Hermann, il n'est pas nécessaire d'implanter la bordure à plus de 20 cm de profondeur, car ce n'est pas une espèce très fouisseuse. Vers le haut, la bordure ne doit pas mesurer moins de 30 cm pour éviter que les tortues ne passent par-dessus en grimpant l'une sur l'autre. Une planche faîtière, faisant un retour de 10 cm vers l'intérieur, offre une sécurité supplémentaire. Soignez particulièrement les coins de la bordure, car les tortues s'y regroupent

1. Une écuelle en plastique est facile à nettoyer et à changer de place.

2. Dans le fond, on aperçoit les châssis hébergeant les jeunes.

3. On peut voir le monticule de ponte ainsi que les différents abris artificiels.

4. Cette partie de l'enclos sert à l'élevage des jeunes à partir de la 4e année et de terrarium de quarantaine. Le toit s'enlève par beau temps.

souvent à plusieurs et passent plus facilement par-dessus.

L'enclos doit avoir une grande superficie ; plus il est vaste, plus il est facile de l'aménager naturellement. Un enclos n'est jamais trop grand. Huit à 12 tortues adultes ont besoin d'environ 20 m2. Si vous disposez d'un espace plus grand, vous pourrez aussi semer des plantes nourricières directement dans l'enclos. L'idéal est de pouvoir séparer l'enclos en plusieurs parties pour séparer les sexes ou mettre des individus en quarantaine si besoin.

Le substrat peut être de la terre de gazon normale. L'apport de gravier argileux a l'avantage de garder ces surfaces nues et de leur permettre de se réchauffer plus vite qu'un sol couvert d'herbe. De grosses pierres, des racines et de jolies branches ne doivent pas manquer pour donner un aspect aussi naturel que possible à l'enclos. Des monticules de terre de jardin ou d'argile mélangée à du gravier sont indispensables pour la ponte des œufs. Un monticule de ponte en sable est inadapté, car le sable glisse et le trou de ponte s'effondre. Les femelles préfèrent un substrat plus stable. Une couche de terre plus sombre et sans engrais chimique ajouté par-dessus accélère le réchauffement du monticule. Un tel monticule de ponte a la préférence des pondeuses. Un autre avantage est que l'on retrouve plus facilement les trous de pontes.

Aménagez plusieurs cachettes dans l'enclos pour que les tortues puissent s'isoler les unes des autres. Je déconseille d'aménager une place de nourrissage dédiée, car les tortues perdent rapidement l'habitude de rechercher la nourriture. Utilisez plutôt des écuelles en plastique que vous pouvez changer de place et faciles à nettoyer.

Vous pouvez planter divers végétaux, à condition de bannir les espèces toxiques. Dans mon enclos poussent divers arbrisseaux nains ou rampants comme le genévrier, le pin mugo, l'épicéa blanc et autres conifères de petite taille. J'ai aussi planté avec bonheur des graminées en touffes et diverses plantes méditerranéennes comme la lavande, le romarin, le genêt hérissé et bien d'autres. Mes tortues croquent volontiers les plantes grasses comme les orpins (orpin âcre, orpin reprise), de même que l'agave et les agrumes, qu'il faudra rentrer au jardin d'hiver. L'enclos est un lieu idéal pour sortir en été les opuntias et autres plantes de plein soleil. En regroupant les diverses plantes en massifs, on crée de nombreuses cachettes pour les tortues. Regardez les illustrations de cette page, vous y trouverez peut-être des idées pour votre propre enclos.

Une écuelle d'eau est indispensable. Les plus grandes tortues doivent pouvoir s'y baigner, mais les plus petites doivent pouvoir en sortir rapidement. Une profondeur d'eau de 3 à 5 centimètres est suffisante. Le récipient doit être facile à nettoyer, car les tortues font souvent leurs besoins dans l'eau. Lavez régulièrement l'écuelle à l'eau chaude et faites la sécher au soleil pour éviter la transmission de maladies par l'eau.

L'enclos aussi doit être tenu propre. Enlevez les crottes et les restes de nourriture tous les jours si possible.

1. Enclos à tortues en construction. Les abris accessibles par l'éleveur sont couverts de vitres en verre.

2. L'autre moitié de cette installation très bien conçue.

3. Dans cet enclos proche des conditions naturelles, on peut élever un petit nombre de tortues.

4. Même les jeunes peuvent être soignés correctement dans un tel enclos.

L'abri artificiel ⩘⩘⩘

Dans un enclos à l'air libre, un abri est indispensable pour que les tortues puissent s'abriter la nuit ou par mauvais temps.

D'après mon expérience, l'abri peut se trouver n'importe où dans l'enclos, mais le trou d'entrée doit être orienté au sud ou au sud-est afin que le soleil du matin puisse pénétrer à l'intérieur et réchauffer l'espace devant l'entrée. Dans mon enclos, des abris enterrés ont fait leurs preuves. Les tortues les apprécient, car cela correspond à leur mode de vie naturel. De plus, elles peuvent facilement s'installer sur le toit pour se réchauffer. Le matin, c'est souvent l'endroit où elles aiment prendre des bains de soleil. Depuis longtemps, j'utilise des panneaux de contreplaqué, très résistants à l'humidité et que leur poids léger rend aptes à la construction du toit. Vous pouvez bien sûr utiliser d'autres matériaux, par exemple du bois dur non traité. Je déconseille le bois tendre, car une fois enterré, il pourrit très rapidement.

Construire l'abri ⩘⩘⩘

La surface de l'abri dépendra du nombre et de la taille des tortues. Une hauteur de 40 à 50 cm est suffisante. Dans un magasin de bricolage, faites découper des panneaux de contreplaqué aux dimensions souhaitées. Achetez également deux charnières ou une bande de caoutchouc, ainsi que des vis à bois, quelques plaques de polystyrène (épaisseur 5 cm), quelques mètres car-rés de bâche PVC (épaisseur 0,5 mm) et des baguettes en bois.

Pour le toit, il vous faudra un morceau de papier bitumeux. L'assemblage est d'une grande simplicité. Vissez ensemble les panneaux de bois de manière à obtenir une caisse ouverte vers le bas et munie d'un toit rabattable. Habillez l'extérieur de la caisse avec les plaques de polystyrène, puis recouvrez celui-ci avec la bâche PVC, qui doit dépasser de 30 cm vers le bas. Découpez sur le devant un trou d'entrée correspondant à la taille des tortues.

Repliez vers l'intérieur la bâche qui dépasse vers le haut et fixez-la à l'aide des baguettes. Creusez à l'endroit choisi un trou de la surface de la caisse, dont la profondeur doit correspondre aux deux tiers de la hauteur de celle-ci. Puis mettez la caisse en place et étalez vers l'extérieur la partie de la bâche qui dépasse vers le bas. Fixez la caisse au niveau de deux de ses coins à l'aide de deux pieux enfoncés dans le sol, en l'inclinant légèrement vers l'arrière. Rebouchez le trou autour de l'abri en créant des surfaces inclinées pour que les tortues grimpent facilement sur le toit.

Créez un auvent au-dessus du trou d'entrée à l'aide de bout de bois et de pierres, fixez le papier bitumeux sur le toit avec des vis inoxydables. Remplissez l'intérieur avec 20 cm d'humus d'écorce ou de copeaux de hêtre recouverts de feuilles sèches ou de paille. Étalez devant l'entrée une couche de sable ou de gravier fin et disposez un toit en verre ou en plexiglas au-dessus de cette zone. Par mauvais temps, les tortues pourront mettre le nez dehors sans se mouiller.

N'oubliez pas d'équiper le toit d'une serrure ou d'un cadenas contre les vols.

◀ Cette série de photo illustre les étapes de construction exposées dans le texte.

Les premiers soirs, placez vos tortues dans l'abri ; bientôt, elles s'y rendront d'elles-mêmes pour y passer la nuit.

L'hibernation ⟡⟡⟡

De nombreux décès de tortues s'expliquent par une hibernation mal gérée. Si vos tortues ont passé l'été dehors, elles peuvent rester dans l'enclos extérieur jusqu'un peu avant les premières gelées. **Voici ma méthode d'hibernation, qui consiste à transférer mes tortues dans une cave fraîche et hors gel.** À mesure que les jours raccourcissent et que l'éclairage diminue, les tortues se nourrissent de moins en moins. Par temps froid et pluvieux, elles cessent entièrement de s'alimenter. Les premières tortues commencent à s'enfouir dans l'abri, qui doit contenir un substrat meuble. C'est le moment de les contrôler une dernière fois à l'œil nu afin de repérer d'éventuelles blessures ou maladies.

⚠ **Attention**

Les individus malades ou faibles ne doivent pas entrer en hibernation, mais rester au chaud dans le terrarium d'intérieur. Ce n'est qu'après leur guérison qu'ils pourront hiberner.

Les tortues étant des animaux sauvages, je propose un bain aux adultes qui ont passé l'été à l'extérieur. Une fois toutes les tortues enfouies dans l'abri, entre mi-octobre et début novembre, je procède à leur transfert dans la cave.

Je les installe dans une caisse en bois compartimentée fermant par un couvercle. La caisse est en bois non traité et possède de nombreuses fentes pour permettre les échanges d'air. Haute d'une dizaine de centimètres, elle est remplie de terre de jardin sans engrais et légèrement humide, recouverte de feuilles (de hêtres) qui ne pourrissent pas trop vite.

Au bout de quelques jours, les tortues auront retrouvé le repos et se seront enfouies dans les feuilles.

La température d'hibernation idéale se situe entre 3 et 8 °C : c'est là que les tortues perdent le moins de masse corporelle. Je veille à maintenir le substrat humide, car une ambiance trop sèche augmente la perte de poids par déshydratation et peut endommager les voies respiratoires. Un museau humide et des yeux rentrés et collés en sont les conséquences.

Pour garder le substrat humide, il suffit de l'asperger régulièrement d'eau. Mais il faut également éviter l'excès d'humidité, qui entraîne le développement de moisissures sur la peau et les écailles. Il faut donc trouver le bon équilibre. À titre d'exemple, les feuilles mortes doivent rester souples et pas cassantes.

Une fois que vos protégées sont enfouies pour l'hiver, il reste à vérifier régulièrement la température et l'humidité du substrat. Je limite au minimum l'examen des animaux et je les contrôle deux fois au maximum pendant les 5 mois et demi que dure l'hibernation.

Ne sortez jamais vos tortues de leur caisse. En touchant légèrement les pattes avant ou les pattes arrière, celles-ci devraient se rétracter lentement et vous confirmer que l'animal est bien en vie. Il ne vous reste plus qu'à espérer

que vous avez fait ce qu'il fallait. Hélas, certains animaux ne se réveillent pas au printemps. Cela se produit aussi dans la nature, il s'agit d'un processus de sélection destiné à empêcher les animaux faibles de se reproduire au printemps.

▷ **Conseil**

*Une autre méthode, pratiquée par certains propriétaires de tortues, consiste à les faire **hiberner** au **réfrigérateur**. Cela peut se justifier si l'on ne possède pas de pièce fraîche, à condition de pratiquer des trous d'aération ou d'ouvrir régulièrement le réfrigérateur. Je ne connais personne qui utilise cette méthode et je ne peux pas vous donner de conseil basé sur l'expérience, mais j'estime préférable de confier les animaux à un autre amateur de tortues disposant d'espaces adaptés.*

*Sur le principe, il n'y a rien à redire sur **l'hibernation à l'extérieur.** C'est une pratique courante qui réussit souvent. Mais les hivers dans nos régions sont souvent interrompus par des vagues de chaleur. Les tortues remontent à la surface et ne s'enterrent pas assez profond quand le froid revient, et il n'est pas rare qu'elles gèlent. Je déconseille donc cette méthode dans les régions au nord de la Loire.*

Dès la 1ʳᵉ année, les jeunes doivent hiberner, même brièvement. Une bonne méthode consiste à les faire entrer en hibernation dès l'automne et à les réveiller à la fin de la durée souhaitée. Elles passeront le reste de l'hiver au terrarium. Ainsi, je m'épargne la mise en hibernation artificielle, car les jeunes tortues élevées en plein air se préparent d'elles-mêmes à la période

Tortue en pleine
hibernation.

de repos qui s'annonce. À cet âge, je considère que 6 à 8 semaines d'hibernation suffisent. Les tortues de 2e et de 3e années doivent hiberner 3 mois environ. À partir de la 4e année, mes jeunes tortues hibernent comme les adultes, c'est-à-dire jusqu'à 5 mois et demi selon les régions et leur climat.

En terrarium, la période de repos envisagée doit être précédée de 4 semaines de mise en condition. Commencez par arrêter de nourrir vos tortues et diminuez lentement l'intensité et la durée de l'éclairage. Ne cédez pas au désir de nourrir les tortues, qui réclament souvent. Il faut environ 4 semaines pour que le tube digestif se vide complètement, ce que vous pouvez favoriser par de fréquents bains d'eau tiède. Une fois que vous ne voyez plus de crottes dans le bain, vous pouvez recommencer à baisser la température. Mettez des feuilles, de la paille ou du foin dans le terrarium pour permettre à vos tortues de s'enfouir. Continuez de réduire la

température jusqu'à un minimum de 10 à 12 °C. Une fois que les tortues sont enfouies, transférez le terrarium dans une pièce plus fraîche pour poursuivre la baisse de la température.

Il est temps d'installer vos tortues dans leur caisse d'hibernation, à la cave. Je les enterre moi-même dans le substrat, car elles ne sont plus en état de creuser. Ensuite, je procède comme pour les tortues de plein air.

Le réveil ⬙⬙⬙

Au printemps, dès que la température atteint 15 °C, ouvrez les portes et fenêtres de la cave pendant la journée pour laisser entrer de l'air propre et de la chaleur. Peu de temps après, les tortues commenceront à bouger. C'est le moment de réintégrer dans leur abri celles qui passeront l'année en plein air.

En général, il ne faut pas longtemps

avant qu'elles profitent du beau temps pour prendre un bain de soleil devant leur abri. Je leur fais alors prendre un bain d'eau tiède pour leur permettre de compenser les pertes d'eau pendant l'hibernation. Souvent, elles excrètent une masse blanche (acide urique non soluble). N'oubliez jamais d'essuyer soigneusement vos tortues pour éviter qu'elles se refroidissent trop. Par mauvais temps, fermez le trou d'entrée pour éviter que des tortues ne sortent à votre insu et ne se cachent quelque part dans l'enclos, exposées à l'humidité et au froid.

À mesure que la température augmentera, les tortues se réveilleront naturellement et retrouveront leur environnement familier. Vous pourrez recommencer à les nourrir. Une écuelle constamment remplie d'eau est nécessaire pour satisfaire leur intense besoin de boire à cette saison.

À la **sortie de l'hibernation**, enduisez vos tortues de vaseline, de paraffine ou autre préparation vendue en animalerie, afin qu'elles sèchent plus vite en cas de pluie. En été, cette mesure n'est pas utile. En terrarium, augmentez la température très progressivement et attendez quelques jours avant de rallumer l'éclairage et le chauffage. Une fois que les tortues sont réveillées, elles doivent pouvoir se baigner abondamment. Bientôt, elles recommenceront à s'alimenter et à se déplacer. Observez les tortues avec soin dès le printemps pour repérer rapidement tout début de maladie et les soigner au besoin.

Les tortues se retrouvent parfois en petit groupe pour capter les premiers rayons de soleil en sortie d'hibernation. Dès que les journées seront suffisamment chaudes pour permettre le maintien de la température interne idéale plusieurs heures par jour, les tortues se mettront en recherche active de nourriture.

> La reproduction en captivité

Dans ce chapitre, vous apprendrez à déterminer le sexe de vos tortues, mais aussi à réunir les conditions indispensables à leur accouplement. Vous saurez également comment vous occuper des œufs et profiter du spectacle de leur éclosion.

T. hermanni
hermanni :
à gauche
la femelle, à
droite le mâle.

Mâle ou femelle ? ⬙⬙⬙

Déterminer le sexe d'une tortue adulte n'est pas compliqué. Le mâle se reconnaît facilement à sa queue plus grande et à sa pointe cornée plus longue et fourchue. Le plastron est légèrement concave afin que l'animal puisse monter plus facilement la femelle. Sa dossière possède souvent des écailles marginales plus larges au niveau du rebord postérieur. En revanche, la taille de l'animal n'est pas un critère sûr. Je connais des mâles qui sont de véritables géants, avec plus de 25 cm de long, une taille normalement atteinte par les seules femelles.

Les femelles ont une carapace plus ovale, possèdent une queue plus courte et moins épaisse à la base. La pointe cornée de la queue est également plus

courte et plus fortement recourbée. Le plastron est légèrement convexe. La femelle est normalement plus grande que le mâle, une différence plus marquée chez *Testudo hermanni hermanni*. Chez cette sous-espèce, le mâle adulte est beaucoup plus petit et ne pèse

Mâle de
*T. hermanni
boettgeri*. La
base épaisse
de la queue et
la pointe cor-
née sont bien
visibles.

Testudo hermanni boettgerii : à gauche le mâle, à droite la femelle.

souvent que 450 g. Bien entendu, il y a des mâles plus petits et d'autres plus grands, souvent en rapport avec leurs régions d'origine.

La détermination du sexe est plus délicate chez les jeunes. D'après mon expérience, ce n'est pas avant l'âge de 4 à 5 ans qu'on peut déterminer le sexe d'une tortue d'Hermann de croissance normale. Je ne comprends pas comment certains éleveurs peuvent déterminer le sexe de tortues d'un an. On observe déjà des essais d'accouplements chez des tortues de 3 ans. Mais cela ne permet pas de reconnaître les sexes, car à cet âge les femelles tentent aussi de monter des congénères. Curieusement, les mâles de *Testudo hermanni* se développent plus vite que les femelles à conditions de vie égales. Ils atteignent la maturité sexuelle entre 7 et 8 ans, contre 9 à 12 ans pour les femelles.

La reproduction

Si vous avez acheté un petit groupe de 3 à 7 tortues, il y a des chances pour que vous ayez des animaux des deux sexes. Quand les animaux auront entre 8 et 12 ans, vous aurez certainement déjà observé une activité sexuelle.

Voici quelques conseils pour réussir à reproduire vos tortues. La préparation à la reproduction commence dès l'été de l'année précédente. La bonne condition des femelles est cruciale pour la production des œufs, qui se forment dès la fin de l'été. Si les tortues hibernent à la température optimale de 3 à 8 °C, les mâles pourront féconder les œufs au printemps. Il existerait chez la tortue d'Hermann une fécondation retardée de plusieurs années, mais je ne l'ai jamais observé chez mes tortues. Certaines ont parfois pondu des œufs non fécondés

◄
Ce mâle de
T. hermanni
boettgeri mord
les extrémités
de la femelle
pour l'obliger
à s'immobiliser
afin de pouvoir
s'accoupler
avec elle.

alors que l'année précédente tous leurs œufs l'avaient été. Ne vous réjouissez pas trop vite la première fois que vous observez un accouplement et une ponte. Très souvent, les premières pontes d'une femelle ne sont pas fécondées, même si cela se produit parfois. Ainsi, une femelle de neuf ans a pondu chez moi trois œufs fécondés. Mais les œufs étaient très petits et seuls deux ont donné naissance à des petits viables. Ceux-ci étaient très petits et se sont développés beaucoup plus lentement que les petits d'autres femelles. L'année suivante, la même femelle alors âgée de 10 ans a de nouveau pondu trois œufs, cette fois-ci de taille normale. Tous étaient fécondés et les petits sont nés sans complications. Mais il arrive aussi que seule une partie des œufs soit fécondée. Plus une femelle est âgée, et plus elle pond d'œufs et plus la proportion d'œufs fécondés est élevée.

Quelques semaines à peine après la sortie d'hibernation, les mâles essaient de s'accoupler avec les femelles. Ce sont généralement les mâles dominants qui se lancent les premiers dans cette activité souvent bruyante et brutale. Les plus gros et les plus vieux d'entre eux se lancent dans des combats hiérarchiques. Les vainqueurs sont généralement les premiers à s'accoupler.

Parade
et accouplement ⧊⧊⧊

Entre mi-avril et mi-mai, quand la température dépasse 20 °C, les mâles commencent à guetter les femelles dès le début de la matinée, pendant la phase de réchauffement. Lorsqu'ils aperçoivent une femelle, les mâles

> Accouplement chez *T. hermanni boettgeri*.

> Pendant l'accouplement, le mâle ouvre largement la gueule.

peuvent faire preuve d'une vitesse in-croyable. Un de mes plus vieux mâles grimpe au sommet du monticule de ponte pour pouvoir repérer les femelles. Dès qu'il en aperçoit une, il se précipite vers elle et l'immobilise en la bouscu-lant et en la mordant à la tête et aux pattes. Puis il la flaire de tous côtés et lui mord les pattes de temps à autre pour l'obliger à les rentrer, l'empêchant ainsi de s'enfuir. Si la femelle est prête à s'accoupler, elle reste immobile pour permettre au mâle de la monter. Une fois sur elle, le mâle étire longuement la tête, ouvre largement la gueule et émet des sortes de pépiements, exhibant sa langue rouge.

L'accouplement dure entre 2 et 10 minutes. Dès qu'il est terminé, les deux animaux se séparent et s'en vont chacun de son côté. Mon vieux mâle re-tourne à son poste de guet pour guetter d'autres femelles. On observe souvent qu'une même femelle s'accouple avec plusieurs mâles dans la même journée. Il est essentiel d'élever plus de femelles que de mâles, sinon les femelles sont sans cesse harcelées et ne peuvent plus s'alimenter et se chauffer au soleil tranquillement. D'où l'importance de la division de l'enclos extérieur pour per-mettre aux femelles d'échapper aux sol-licitations incessantes des mâles. Avec une bonne proportion de femelles et de mâles dans votre enclos, il ne devrait presque pas y avoir de mauvaises bles-sures et morsures. Si certains mâles se montrent quand même trop agressifs, il faut les isoler pendant cette période d'accouplement et de ponte.

▼
Les journées chaudes, plu-sieurs femelles se retrouvent sur le monticule pour y pondre leurs œufs.

> La ponte est un travail exténuant pour certaines tortues. La poussée exercée sur les œufs peut durer de quelques secondes à quelques minutes.

Les œufs et la ponte ◈◈◈

Après l'accouplement, les femelles ont un appétit aiguisé et un besoin accru en calcium et en vitamines. Pendant cette période, donnez-leur une alimentation très variée et adaptée, et saupoudrez les aliments de minéraux. Les aliments doivent être le plus frais et le plus riches possibles afin que les femelles soient en parfaite condition. Trois à 8 semaines après l'accouplement, elles prennent beaucoup de poids.

Avant la ponte, le comportement varie beaucoup d'une femelle à l'autre. Certaines cessent de s'alimenter quelques jours avant de pondre tandis que d'autres mangent jusqu'au dernier jour, parfois encore juste avant la ponte. Certaines de mes femelles ont une attitude particulière à cette période, se comportant comme des mâles et immobilisant toutes les tortues dont elles croisent le chemin. Il leur arrive même de les monter avec les mêmes manifestations d'excitation que les mâles.

Beaucoup de mes femelles choisissent pour pondre une journée chaude et humide, comme cela arrive souvent après un orage printanier. La tortue grimpe sur le monticule de ponte à la recherche d'un emplacement approprié. Tous les quelques pas, elle touche la terre avec la tête et la flaire. Une fois trouvé un lieu qui lui paraît convenir, la femelle se met à creuser le trou de ponte. Souvent, elle s'interrompt et recommence ailleurs. J'ai souvent remarqué ces « sondages » chez les jeunes tortues et chez les nouvelles. Les vieilles tortues depuis longtemps en ma possession pondent au même endroit

depuis plusieurs années. Dès que l'endroit définitif est découvert, la femelle creuse avec les pattes postérieures un trou qui s'élargit souvent vers le bas. La profondeur du trou est très variable et dépend de la taille de l'animal ainsi que du nombre d'œufs. Dès que le trou est prêt, la femelle commence à pondre, étirant la tête et les pattes antérieures pour renforcer la poussée exercée par les oviductes. Ce processus se répète jusqu'à ce que le premier œuf sorte du cloaque. Chaque œuf est tâté avec les pattes avant d'être poussé à la bonne place. Puis l'animal se repose 2 à 5 min avant de pousser l'œuf suivant, et ainsi de suite jusqu'au dernier œuf. Ensuite, la femelle commence à refermer le trou avec les pattes postérieures. C'est le moment de ramasser les œufs. Pour cela, je déplace un peu la mère et je marque les œufs avec un stylo souple, sans les tourner. Je pourrai ainsi les

replacer dans la même position dans l'incubateur. Une fois les œufs prélevés, je replace la femelle au-dessus du trou pour qu'elle finisse de le refermer. Beaucoup de femelles referment leur trou très soigneusement, mais d'autres seulement partiellement.

La taille et le nombre des œufs ne dépendent pas de la taille de la femelle. Les œufs de *Testudo hermanni boettgeri* mesurent 28 à 35 mm, ceux de *Testudo hermani hermani* 25 à 32 mm. Ils ont la même forme que les œufs de poule. Chez mes tortues, leur nombre est compris entre 4 et 6 en moyenne, avec un maximum de 13 œufs et un minimum de 2. Il arrive parfois qu'une femelle fasse deux, voire trois pontes dans la même saison. Les œufs non enterrés ou déposés au hasard dans l'enclos se sont toujours révélés non fécondés. Maintenant que les œufs sont dans l'incubateur, l'attente commence.

« Avant la fermeture du trou, prélevez les œufs avec soin, sans les tourner, et repérez le dessus en le marquant avec un stylo souple.

En éclairant les œufs à contre-jour, on peut voir au bout de 2 à 3 semaines si un développement est en cours. Les œufs tout juste pondus ont une teinte jaune orangé, alors qu'un œuf en développement est plutôt rougeâtre, voire parcouru de vaisseaux sanguins plus foncés. Il est de la plus grande importance de ne pas tourner les œufs pendant qu'on les manipule et de ne pas les réchauffer excessivement, au risque de tuer l'embryon. Utilisez une lampe à filament de 25 W au maximum, ou mieux une lampe de poche.

L'incubation et l'éclosion ⬧⬧⬧

À la saison de reproduction, procurez-vous un incubateur à l'avance. Pour incuber les œufs de mes tortues, j'emploie une vieille méthode qui a fait ses preuves. J'installe un petit aquarium dans un aquarium plus grand, dépassant de 10 cm dans la longueur et de 5 cm dans la largeur. Sous le petit aquarium, je place trois bandes de polystyrène épaisses de 3 cm et de la longueur du grand aquarium, ceci afin de répartir régulièrement la chaleur. Pour assurer une bonne isolation, j'entoure l'aquarium extérieur de polystyrène ou autre matériau isolant. Le couvercle, qui peut aussi être en polystyrène, doit être légèrement incliné pour assurer l'écoulement de l'eau de condensation, qui ne doit pas s'égoutter dans le substrat. Si besoin, le couvercle pourra être légèrement soulevé afin de réguler l'humidité, qui doit se maintenir entre 65 et 80 %. Puis je remplis le récipient intérieur d'un mélange de sable et de terre de jardin non fertilisée, sur 10 cm de hauteur. Ce substrat doit être légèrement humide, mais pas mouillé. Je remplis l'espace entre les deux aquariums de 10 cm d'eau chauffée à la température désirée au moyen d'une résistance du commerce. Il est vivement conseillé d'avoir une résistance de secours en cas de panne de la première. Ainsi, les œufs ne souffriront pas d'une interruption de chauffage.

Il vous faut également un thermomètre et un hygromètre afin de vérifier la température et l'humidité intérieures. Ne les posez jamais sur les œufs ! Un vendeur animalier spécialiste des reptiles pourra sûrement vous conseiller efficacement sur les différentes possibilités. Vous pouvez aussi acheter un incubateur du commerce prêt à fonctionner. Respectez scrupuleusement le mode d'emploi du fabricant. Testez

impérativement l'incubateur à vide et surveillez la température et l'humidité sur une longue durée. Installez-le dans un endroit où le soleil ne parvient pas pour éviter des températures excessives à l'intérieur. J'incube les œufs de mes tortues à 31,5 °C ; de petites variations sont tolérées.

Comme chez beaucoup d'espèces de reptiles, les températures durant les premières semaines d'incubation détermineront le sexe des tortues. À 31,5 °C, les œufs produisent surtout des

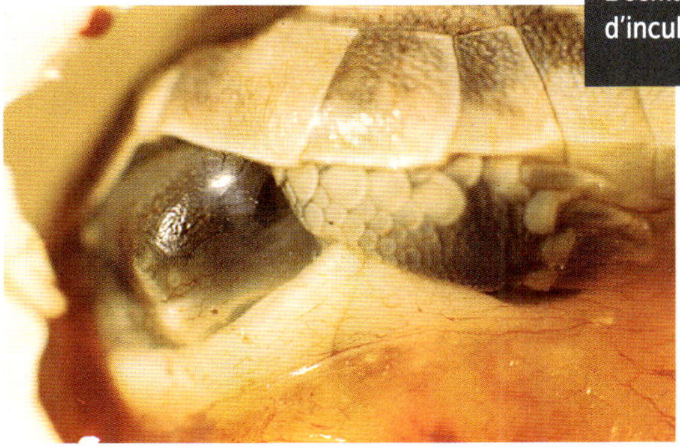

∧
Cette jeune tortue d'Hermann mord la coquille pour agrandir l'ouverture.

∨
Œuf ouvert trop tôt : la jeune tortue aurait eu besoin d'encore 2 semaines d'incubation.

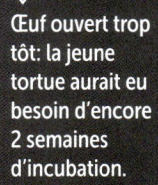

> Après avoir résorbé le sac vitellin par l'ombilic de son plastron, la jeune tortue quittera la coquille.

> Plastron d'une jeune tortue d'Hermann tout juste éclose. L'ombilic est bien visible.

femelles, à 27,5 °C surtout des mâles. Il est préférable de maintenir des températures d'incubation intermédiaires de ces valeurs seuil pour un meilleur développement de l'embryon. La température agit aussi sur la durée d'incubation. Mes tortues éclosent au bout de 55 à 67 jours et pèsent de 10 à 15 g.

L'éclosion peut durer entre 10 et 28 heures. Avec la « dent » qui se trouve sur la mâchoire supérieure, juste en dessous du nez, le jeune tortue fissure la coquille de l'intérieur. Par des mouvements de la tête et des pattes antérieures, elle finit par briser un petit morceau de coquille. Pendant l'éclosion, elle fait plusieurs pauses de 1 à 3 heures chacune. Elle essaie d'élargir le trou en mordant dans la coquille, puis elle essaie de briser celle-ci en morceaux en s'aidant des pattes et en

se retournant à l'intérieur de l'œuf. Elle y parvient après plusieurs tentatives exténuantes. Après ce gros effort, la jeune tortue se repose dans la coquille, qu'elle quitte après avoir résorbé le sac vitellin par l'ombilic qui s'ouvre dans le plastron. Cette ouverture dans le plastron est facile à voir en retournant l'animal et se refermera bientôt. Dans la nature, un autre effort attend la jeune tortue, qui doit encore creuser jusqu'à la surface. En captivité, il suffit de la sortir de l'incubateur et de la placer dans un terrarium pour jeunes tortues. Vous pouvez être fier, vous venez de poser la première pierre pour la multiplication de vos tortues. C'est toujours pour moi une grande joie d'observer les tortues nouveau-nées et de savoir que je contribue modestement à la conservation d'une créature passionnante.

≪
Un terrarium d'élevage peut aussi être aménagé pour le bien-être des jeunes tortues.

≪
Si l'enclos extérieur des jeunes tortues n'est pas couvert, même une souris peut constituer un danger pour nos protégées. Cette tortue bordée (*Testudo marginata*) a été dévorée.

> L'élevage des jeunes tortues

Élever des jeunes tortues n'est pas très compliqué, mais il faut tout de même veiller à certains points, comme l'aménagement des deux terrariums, intérieur et extérieur, et l'alimentation, primordiale pour leur développement.

Si vous élevez vos jeunes tortues dans un terrarium aménagé peu ou prou comme celui des adultes, vous ne devriez pas avoir de gros problèmes si vous respectez les conseils qui suivent. Le terrarium doit offrir suffisamment de place aux tortues. Le substrat, profond de 8 à 10 cm, peut se constituer d'un mélange de sable et de terre de jardin sans engrais. Les couches inférieures du substrat doivent toujours rester légèrement humides. Je ne recommande pas d'élever les jeunes tortues sur du papier journal ou du carton ondulé, comme le voit souvent. C'est peut-être hygiénique, mais les tortues ne peuvent plus s'enfouir dans le substrat. L'idéal est de pouvoir sortir le terrarium quand il fait beau. Vous pouvez l'installer partout où le soleil brille, à condition de prévoir des cachettes ombragées à l'intérieur. La

température augmente vite dans le terrarium et les jeunes tortues pourraient mourir d'un coup de chaleur.

En couvrant le terrarium d'un grillage fin, vous empêcherez les chiens, les chats, les rapaces et mêmes les rats et les souris de s'en prendre aux petites tortues sans défense. En été, le terrarium peut rester dehors la nuit tant que la température ne baisse pas en dessous de 12 °C et qu'il ne risque pas de pleuvoir, car la pluie pourrait noyer les animaux. Par mauvais temps, placez le terrarium dans un endroit chaud et éclairé, à une température de 18 à 25 °C. La nuit, la température ne doit pas descendre en dessous de 12 °C. Je ne conseille pas la température minimale de 15 °C souvent indiquée. Une partie du terrarium doit être éclairée et chauffée par en haut, par exemple

Un châssis de culture couvert de grillage offre un excellent moyen d'élever de jeunes tortues en plein air.

par une lampe à réflecteur de 60 W. Il suffit de modifier la distance entre la lampe et les animaux pour régler la température entre 28 et 35 °C. Câbles et plaques chauffants ne sont conseillés pour les tortues d'Hermann, car le sol se dessèche trop vite. Un chauffage par le haut est bien plus naturel. Aspergez régulièrement le terrarium d'eau afin de maintenir l'air et le substrat suffisamment humides.

Le terrarium doit comporter une soucoupe ou une écuelle peu profonde ne contenant pas plus de 1 cm d'eau pour éviter que les jeunes tortues ne s'y noient. Remplissez l'écuelle tous les jours et nettoyez-la souvent. Ce nettoyage est important, car les tortues se baignent et se soulagent souvent dans l'eau. Désinfectez-la ou faites-la sécher au soleil pour éviter la transmission de maladies ou de parasites. Vous trouverez écuelles et désinfectants dans les animaleries. Comme les adultes, les jeunes tortues sont strictement herbivores. Respectez scrupuleusement ce besoin. Dans la nature, les jeunes tortues doublent leur poids corporel la première année, mais c'est difficile à réaliser en captivité. Une alimentation trop riche et trop copieuse risque de provoquer une croissance trop rapide. J'entends souvent dire : « Mes tortues sont déjà bien grosses ». Mais l'examen de ces tortues montre une croissance trop rapide et des dépôts de graisse résultant d'un excès de glucides et de protéines. Certaines ne parviennent même plus à rentrer dans leur carapace. Tout ce qui plaît à une tortue n'est pas forcément bon pour elle. Ne cédez pas à la tentation de couper les aliments

en morceaux, car un peu d'exercice pour découper leur nourriture ne peut pas faire de mal à nos protégées. Je conseille de nourrir les jeunes avec les mêmes aliments que les adultes, comme indiqué p. 23 au paragraphe « L'alimentation ».

Le terrarium d'extérieur ⌃⌃⌃

Les jeunes tortues doivent aussi pouvoir vivre en plein air dès que la saison le permet. Les jeunes ayant besoin de plus de chaleur, je vous conseille de les élever dans un châssis de culture assez grand. Les châssis à cadre en aluminium durent plus longtemps que les modèles en plastique.

Les jardineries proposent des châssis de toutes dimensions. Une surface de 100 x 120 cm est suffisante pour 2 à 5 tortues de moins de 5 ans. Le coffre et le couvercle de ces châssis sont des vitres de polycarbonate alvéolaire isolant de 4 mm d'épaisseur. Les châssis de cette taille possèdent souvent quatre ouvrants qu'on peut ouvrir individuellement en fonction de la météo. Les ouvertures doivent impérativement être couvertes d'un grillage à mailles fines pour empêcher les prédateurs d'entrer. Quand le châssis est fermé, l'humidité intérieure est élevée et la pluie peut s'écouler au dehors. Quelques rayons de soleil suffisent à élever la température à un niveau agréable pour les tortues. Un excès de chaleur à l'intérieur est à éviter absolument, car la température peut augmenter rapidement dès que

⌃
Par beau temps, le châssis peut être ouvert partiellement pour laisser le soleil pénétrer sans obstacle. Les racines permettent aux tortues de se mettre à l'ombre, de se cacher ou de s'exercer à grimper sans risquer de se retourner sur le dos.

le soleil brille et mettre nos protégées en danger. Un thermomètre vous permettra de surveiller la température. On trouve dans le commerce des systèmes qui ouvrent automatiquement le châssis à partir d'une température préréglée. Un abri à l'intérieur du châssis permet aux tortues de passer la nuit et de se réfugier à l'ombre. Le substrat est constitué de terre de jardin, de sable et de gravier. Une touffe d'herbe du jardin est aussitôt inspectée par les tortues et se remplace facilement dès que l'herbe est mangée. Une écuelle d'eau est bien sûr indispensable. Ne la placez pas contre les parois du châssis, car les jeunes tortues ne cesseraient de marcher dedans en faisant le tour du châssis et souilleraient l'eau. Quelques grosses pierres stockeront la chaleur dans la journée et la restitueront lentement pendant la nuit.

Quand les tortues sont plus grandes, le châssis peut être agrandi par un enclos contigu. Par mauvais temps, les animaux pourront rester à l'abri dans le châssis. Les châssis du commerce à toit à double pan, faits de vitres de polycarbonate alvéolaire, plus épaisses et encore plus isolantes, conservent d'autant mieux la chaleur accumulée pendant la journée et sont faciles à aménager pour les tortues. On peut aussi construire soi-même un châssis possédant un pouvoir isolant égal ou même supérieur aux modèles du commerce. Une source de chaleur n'est pas nécessaire, sauf si vous habitez dans une région très froide (voir p. 87).

Quelques conseils pour l'élevage des jeunes tortues d'Hermann ⬙⬙⬙

Respectez les exigences minimales pour l'élevage de vos jeunes tortues. J'ai toujours eu de bons résultats avec les mesures qui suivent.

Le terrarium intérieur

Une surface de 100 x 50 cm suffit pour 2 à 5 tortues de 100 g. Le substrat a une épaisseur de 10 cm et les couches inférieures doivent être maintenues légèrement humides. Utilisez de l'humus forestier, des écorces de hêtre, des éclats de coco ou de la terre de jardin non fertilisée. Un chauffage par le sol n'est pas nécessaire. Préférez une lampe à réflecteur de 60 W placée à 30 cm environ des animaux. Il doit toujours y avoir une écuelle remplie d'eau. Branches d'épicéa ou de sapin et morceaux d'écorce serviront de cachettes. Installez le terrarium à l'abri des courants d'air.

Le terrarium extérieur

En été, les jeunes doivent pouvoir vivre en plein air tant que la température ne descend pas en dessous de 12 °C la nuit. Le terrarium extérieur doit être situé dans un lieu ensoleillé. Prévoir des cachettes ombragées à l'intérieur.

L'alimentation

La meilleure nourriture pour jeunes tortues pousse dans les prairies naturelles non traitées: pissenlit, plantain lancéolé et grand plantain, trèfle, pâquerette et bien d'autres. Ne les ra-

Cette tortue est morte, déshydratée.

massez jamais au bord des routes. Les salades de votre jardin conviennent très bien aussi, mais lavez les salades du commerce sous le robinet. Attention aux laitues, qui ne sont pas bien supportées.

▷ Ce qui ne convient pas aux jeunes tortues

Fruits et légumes
Bannissez les fruits, qui contiennent souvent beaucoup de fructose. Limitez les légumes autant que possible, mais je crois préférable de ne pas en donner.

Viande et granulés
La viande fraîche ainsi que les conserves ne conviennent pas aux tortues. Les granulés ne sont donnés que sporadiquement.

Calcium et vitamines
Calcium et vitamines ne sont pas indispensables pour des tortues vivant en plein air, à condition qu'elles bénéficient d'une alimentation diversifiée. Au terrarium, saupoudrez

les aliments frais de minéraux, d'os de sèche râpé ou de coquilles d'œufs broyées et stérilisées.

La lumière ultraviolette

Pour fournir les UV indispensables, j'utilise une ampoule Ultra Vita Lux de 300 W de chez Osram. Installée à 1 m au-dessus des tortues, je l'allume deux ou trois fois par semaine pendant 10 minutes. Les lampes du commerce comme Powersun, Solar Raptor, Solar Glow de 80 à 160 W doivent être placées à une distance comprise entre 30 et 60 cm, en fonction de leur puissance et du rendement UVB. Les vendeurs en animalerie sauront orienter votre choix.

Le bain

Baignez les jeunes tortues toutes les 2 semaines dans 2 cm d'eau à 25-30 °C pour compenser leurs pertes d'eau. Les jeunes tortues sont très sensibles à la déshydratation. Un abreuvoir laissé en permanence peut être un piège mortel pour des juvéniles, qui peuvent se noyer dans 5 mm d'eau.

Les maladies

Vérifiez régulièrement la carapace et les pattes à la recherche d'éventuelles blessures. Les yeux doivent toujours être clairs et ouverts. Des yeux rentrés peuvent indiquer une déshydratation. Le nez doit être sec, la respiration silencieuse. Un changement de comportement peut indiquer un début de maladie. Ne placez jamais vos tortues sur le plancher de la pièce, elles risqueraient de prendre froid. En cas de maladie, consultez un vétérinaire ayant l'expérience des reptiles.

> L'habitat naturel

Les régions d'origine de la tortue d'Hermann se situent en climat méditerranéen, caractérisé par des étés chauds et des hivers doux et pas trop humides. Les températures du printemps et de la fin de l'été correspondent à celles du milieu de l'été au nord de la Loire.

≪
La tortue d'Hermann vit aussi dans les milieux rocailleux.

La tortue d'Hermann habite dans des lieux secs alternant buissons et végétation basse. On la trouve aussi sur les pentes rocailleuses à proximité de la mer, dans les forêts claires et les pinèdes avec une végétation basse en sous-bois, ainsi que dans les paysages de graminées. Il n'est pas rare de l'observer à proximité des habitations. Elle visite aussi les oliveraies et les cultures maraîchères, où l'irrigation fournit une nourriture suffisante même en plein été. Mes voyages en Grèce, en Italie et en Sardaigne m'ont donné un aperçu de la diversité et de la beauté de ces milieux. Au printemps et au début de l'été, les tortues vivent dans un véritable paradis où règnent de superbes tapis de fleurs de toutes les couleurs. Grâce à la douceur du climat, les tortues sont actives jusqu'à la mi-décembre et dès le mois de février. Les pluies fréquentes au printemps et la sécheresse ultérieures créent des conditions de vie idéales pour elles. Les tortues passent les nuits et la saison froide enterrées sous des buissons, des arbres morts, des grosses pierres ou dans des trous qu'elles ont creusés. Au printemps, elles s'activent tôt le matin et se retirent dans leurs cachettes pendant les grosses chaleurs de l'après-midi. Elles ressortent en fin d'après-midi pour profiter des derniers rayons de soleil et s'alimenter une dernière fois. Beaucoup de tortues sont étonnamment casanières. J'en ai vu souvent qui utilisaient les mêmes cachettes pendant des années. Certaines ont rayon d'activité tout à fait remarquable. J'ai observé un mâle de *Testudo hermanni boettgeri* dans les dunes de sable de la côte grecque ; en deux heures et demie, il avait parcouru une distance considérable pour un reptile de sa taille. Grâce à une pluie matinale, ses empreintes étaient très faciles à suivre dans le sable. J'ai fait 227 pas de 80 cm avant de tomber sur lui en train de manger de petites fleurs jaunes. J'ignore pourquoi il avait fait un si long chemin, mais j'ai du mal à croire que c'était seulement pour ces fleurs. Était-

champs de melons, tuées à la machette ou avec de grosses pierres. Il m'arrive aussi de trouver des tortues mutilées par les engins agricoles. Heureusement, il reste encore suffisamment de surfaces intactes où les tortues trouveront encore à l'avenir des habitats à leur convenance. J'estime que la protection de la tortue d'Hermann doit en premier lieu commencer dans son milieu naturel. Ce paradis à tortue est impossible à reconstituer dans nos maisons et nos jardins. Il est donc essentiel à leur survie que l'interdiction de prélever des tortues d'Hermann dans la nature soit maintenue à l'avenir, afin de protéger leurs populations déjà fortement décimées.

La journée ≋≋≋ d'une tortue sauvage

il à la recherche d'une femelle prête à l'accouplement ? Les empreintes que les tortues laissent dans le sable se reconnaissent facilement.

Malheureusement, l'habitat des tortues est sans cesse réduit par l'urbanisation. Des terres qui étaient encore désertes il y a quelques années sont maintenant couvertes de complexes hôteliers. L'agriculture s'étend elle aussi rapidement sur ces espaces naturels, drainant et retournant les terrains pour gagner des surfaces cultivables. L'habitat des tortues ne cessant de rétrécir, celles-ci tendent à peupler les cultures, où elles sont considérées comme indésirables à cause de leur appétit pour les melons. Je suis souvent tombé sur plusieurs cadavres de tortues au bord des

Je suis une tortue âgée de 30 ans et portant le nom scientifique de *Testudo hermanni boettgeri*. Je vis en Grèce, dans le Péloponnèse, à environ 60 km de Patras. J'habite une pente orientée au sud, sous un olivier mort et juste en dessous des ruines d'un château. Mon abri me protège du soleil et de la pluie. J'ai aussi passé l'hiver dedans sans problème, car ici l'hiver n'est pas très long ni très froid. Les températures négatives ne se produisent pas toutes les années et je ne risque rien si je suis bien cachée. Maintenant, à la mi-avril, ma table est bien approvisionnée et je me croirais aux pays des merveilles. Près de mon trou pousse un asphodèle et même quelques orchidées. À 5 m commence un champ de trèfle juteux et une mer

de fleurs de toutes les couleurs ima-
ginables. J'aime particulièrement les
fleurs jaunes et les fleurs rouges. Cette
nuit, il faisait 14 °C et je l'ai passée dans
mon trou pour profiter de la chaleur du
soleil dès 7 h 30. Je reste allongée, les
pattes étirées, et j'accumule la chaleur à
satiété. À 9 h 45, je me mets en quête de
nourriture. Je n'ai pas besoin d'aller bien
loin, car une table richement pourvue
est dressée à quelques mètres à peine.
Je commence par déguster des fleurs
rouges et je continue par des jaunes. Je
croque aussi du trèfle et des feuilles de
scille maritime. À 11 h 10, j'ai l'estomac
bien rempli de bonnes choses. Il est
temps de retourner dans ma cachette
pour y faire la sieste, car dehors il fait
déjà 33 °C. À 14 h 20, je mets le nez
dehors, mais je rentre aussitôt car la
température est encore montée à 35 °C
et le soleil cogne devant mon trou. Que
c'est bon d'être à l'ombre ! À 15 h 25, la
température baisse un peu et je peux
enfin sortir. Je prends un autre bain de

« Cachette noc-
turne d'une tor-
tue d'Hermann
en Grèce. En
avant du trou,
on aperçoit
des feuilles de
scille maritime,
une plante très
appréciée.

« Abri d'un
couple de *Tes-
tudo hermanni
hermanni* sous
un pin.

soleil à 25 °C et, une demi-heure plus tard, je rends une nouvelle visite aux fleurs jaunes du trèfle. Sur le chemin du retour, je reprends un peu de scille. En ce moment je me nourris copieusement, car dans six semaines il ne restera déjà plus grand-chose de la magnifique verdure et je devrais me contenter de feuilles sèches. D'autant plus qu'il fera alors très chaud et que je ne pourrai me risquer dehors que très tôt le matin. À 17 h 20, je me glisse sous mon vieil olivier pour y passer la prochaine nuit à l'abri.

Voici à quoi ressemble une journée dans ma vie. Rien ne vient me déranger, à part ce mâle insistant qui vit à une cinquantaine de mètres sous une plaque rocheuse et me rend visite pour s'accoupler. Dans ces moments, il me mord à la tête et aux pattes. J'espère que mon petit paradis le restera encore longtemps et qu'un paysan ne viendra pas planter de nouveaux oliviers et détruire ma maison. En Grèce, cela se passe souvent en brûlant la végétation ou en utilisant une affreuse machine. Évidemment, personne ne fait attention à un reptile comme moi. Avec un peu de chances, je survivrai, mais ce serait encore un bout de nature de perdu pour mon espèce.

« Vieille femelle très claire de *Testudo hermanni boettgeri* près de Patras.

« Ce vieux mâle a perdu une de ses pattes antérieures, ce qui ne l'empêchait pas de courir très bien.

> Anatomie, anomalies et maladies

Chaque espèce vivante possède un nom scientifique unique qui permet de l'identifier. Une espèce est décrite par 2 noms, une sous-espèce par 3 : le nom de genre, le nom d'espèce et le nom de sous-espèce.
La tortue d'Hermann fait partie de l'ordre des Testudinés, divisé en deux sous-espèces : l'occidentale *Testudo hermanni hermanni* (autrefois T. hermanni robertmertensi) et l'orientale *Testudo hermanni boettgeri* (*autrefois* T. hermanni hermanni).

⋀
Femelle
subadulte
de la sous-
espèce *Tes-
tudo hermanni
hermanni*.

⚠ **Attention**

Il y a quelques années, les noms des deux sous-espèces ont été inter-vertis, car il s'est avéré que l'indivi-du type qui a servi à décrire l'espèce faisait en réalité partie de la sous-espèce occidentale, et non de l'orientale.

L'anatomie ⩘⩘⩘

Les tortues se distinguent des autres reptiles par leur anatomie sin-gulière, à commencer par leur cara-pace osseuse. Une grande partie de la colonne vertébrale ainsi que le bassin sont fermement soudés avec la cara-pace. La carapace bombée combine une bonne solidité avec une certaine élasti-cité. La partie dorsale de la carapace est la dossière et la partie ventrale est le plastron. La carapace osseuse est cou-verte d'écailles cornées, dont la taille et la forme ne correspondent pas à celles des plaques osseuses sous-jacentes. Chaque écaille présente des cercles de croissance, mais ceux-ci ne permettent pas de déterminer l'âge de l'animal, car ils correspondent seulement à des phases de croissance distinctes. Les tortues ne possèdent pas de côtes, contrairement aux autres vertébrés. La mobilité de la colonne vertébrale est entravée par la carapace, à l'exception du cou et de la queue. La tortue rentre la tête sous la carapace en rétractant les vertèbres cervicales et grâce à l'absence d'apophyses vertébrales. Les pattes se différencient peu de celles des autres reptiles, si ce n'est que les doigts sont peu développés. **Les pieds sont équi-pés de puissantes griffes pour creuser et grimper.** Les mâchoires n'ont pas de dents, remplacées par de puissantes crêtes cornées et coupantes. La tête et le cerveau sont relativement petits mais suffisent au fonctionnement cor-

rect de l'organisme. La peau du cou, du bras et de la cuisse a l'aspect du cuir et elle mue de temps à autre, comme chez les autres reptiles. Le bas des pattes, la tête et la queue sont couverts d'écailles cornées. Chez la tortue d'Hermann, la queue se termine par une pointe cornée, très grande chez le mâle adulte. Elle aurait pour fonction de soutenir le pénis et serait un organe tactile ; elle jouerait donc un rôle dans l'accouplement. Les organes sexuels se trouvent à l'intérieur du corps et sont bien développés. Beaucoup de mâles sortent leur pénis de temps à autre et après le bain, surtout au printemps à la saison des amours. Les organes internes sont bien protégés à l'intérieur de la carapace.

Les organes des sens ⬧⬧⬧

Les organes des sens des tortues sont assez bien développés. Elles perçoivent bien les couleurs, sur- tout dans le rouge et le jaune : elles voient très bien les fraises, les cerises et les fleurs jaunes. Elles perçoivent également bien le mouvement. Elles détectent les vibrations du sol et se laissent difficilement approcher, même quand elles paraissent dormir. Elles perçoivent également le moindre contact, y compris sur la carapace. L'ouïe est normalement développée pour un reptile, mais elle n'entend que les sons graves.

L'odorat est le sens le plus développé. Les tortues sentent leur nourriture et repèrent leurs partenaires sexuels à grande distance et sans se tromper. Le goût est également bien développé et beaucoup de tortues sont capables de retrouver leur nourriture préférée parmi de nombreux autres aliments. C'est d'ailleurs toujours par celle-ci qu'elles commencent. La voix des tortues se limite exclusivement aux pépiements émis pendant l'accouplement. Ces sons sont produits par des saccades de la tête et des membres qui compriment l'air et l'expulsent des poumons.

Le vétérinaire ⩓⩓⩓

Dès l'achat de votre tortue, rensei-gnez-vous pour trouver un vétérinaire habitué aux reptiles, par exemple auprès d'un autre possesseur de tortues ou du vendeur de l'animalerie. Transportez l'animal de préférence dans un récipient en plastique dépourvu de substrat. Les tortues vident souvent leurs intestins pendant le transport, et la crotte récu-pérée pourra être rapidement examinée. Il va de soi qu' l faut garder l'animal au chaud pendant le transport, par exemple au moyen d'une bouillotte d'eau chaude. La température ne doit pas être infé-rieure au minimum vital.

La liste en encadré facilitera le dia-gnostic du vétérinaire. Remplissez-la soigneusement : non seulement cela accélérera le diagnostic et donc le trai-tement, mais, dans certaines situations, cela peut sauver la vie de votre tortue. C'est une précaution qui me paraît importante.

Pour l'administration des médica-ments, respectez scrupuleusement les indications du vétérinaire. Il vaut mieux aller chez le vétérinaire trop tôt que trop tard. Veillez à ce que celui-ci n'injecte pas de médicaments dans les pattes postér eures afin d'éviter d'en-dommager les reins.

Les maladies les plus fréquentes chez les tortues sont les parasitoses, les maladies respiratoires, les troubles rénaux, les diarrhées, les troubles de la croissance, les difficultés de ponte, les blessures et les troubles urinaires.

Mémo à remplir avant la consultation vétérinaire

1. Nom de l'espèce

2. Sexe : mâle/femelle/jeune

3. Âge : la taille ne renseigne pas sur l'âge

4. D'où vient l'animal (éleveur ou animalerie) ?
Problèmes parasitaires ou stress du transport

5. Animal capturé ou issu d'élevage : depuis combien de temps en captivité ?

6. Depuis combien de temps possédez-vous l'animal ?

7. Mode d'élevage : en groupe/seul séparation des sexes/des espèces conditions de température élevage à l'intérieur ou dehors alimentation

8. De nouveaux animaux ont-ils rejoint votre élevage ? Acquisitions ? Animaux en garde ? À quelle date ? Lesquels ?

9. Problèmes dans l'élevage ou individuels

10. Y a-t-il eu des pertes récemment ?

11. Quand avez-vous remarqué le problème ?

12. Quand avez-vous vu l'animal boire et manger pour la dernière fois ?

13. Quel est le problème selon vous ?

14. Avez-vous administré des premiers soins ?

15. État général

16. Soupçonnez-vous quelque chose en particulier ?

Les maladies ⬖⬖⬖

Les tortues peuvent tomber malades, il est primordial de les élever dans de bonnes conditions pour prévenir le risque de maladies graves. Si vous avez plusieurs tortues, ayez toujours un terrarium de quarantaine sous la main. Celui-ci doit répondre aux besoins des tortues malades et être facile à nettoyer comme à désinfecter. Pour le substrat, du papier journal ou du carton ondulé est la meilleure solution, car ils sont faciles à remplacer chaque jour. Dans un aquarium de quarantaine, il est plus facile d'examiner un animal chez lequel vous avez remarqué un comportement inhabituel, comme un manque d'appétit ou une certaine apathie. Vous pourrez noter plus facilement les quantités qu'il mange et qu'il défèque vraiment. Enfin, il y trouvera également des conditions optimales de chaleur et d'humidité.

Je n'ai pas l'intention de lister ici toutes les maladies et les traitements correspondants. Le lecteur intéressé pourra consulter des livres spécialisés sur les maladies des reptiles et des tortues. Je considère qu'en cas de maladie sérieuse, il est indispensable de consulter un vétérinaire. Très peu de propriétaires de tortues sont en mesure de réaliser eux-mêmes l'examen des crottes et la détermination des parasites et autres germes pathogènes. **Les maladies les plus fréquentes chez la tortue d'Hermann sont les affections respiratoires et les parasitoses.** Il vaut mieux commencer par prévenir ces maladies fréquentes par des mesures prophylactiques. Tout traitement doit s'accompagner d'une augmentation du chauffage afin que le métabolisme de la tortue se déroule dans de meilleures conditions. Je vais maintenant aborder quelques maladies fréquentes que le lecteur pourra soigner lui-même.

La diarrhée

Une diarrhée légère, comme on l'observe au printemps chez certaines tortues à cause du mauvais temps, est facile à soigner par un apport de chaleur et une alimentation contenant des feuilles de saules, particulièrement riches en fibres. Si aucune amélioration n'apparaît au bout d'une semaine, il est temps de consulter le vétérinaire qui fera une analyse des crottes pour trouver la cause de la diarrhée persistante.

Le rhume

Un léger écoulement nasal et des yeux troubles et gonflés sont des symptômes de rhume (rhinite). L'augmentation de la température et de l'humidité suffit pour soigner les cas bénins. En donnant à mes tortues des bains d'inhalation et en leur frottant la gorge avec une pommade pour bébés ou avec des huiles essentiels, j'obtiens la disparition rapide des symptômes. Mais si la tortue inspire en ouvrant la gueule et en produisant des sifflements, une pneumonie est à craindre. L'animal doit être traité au plus vite par un vétérinaire, qui lui administrera des antibiotiques adaptés.

Les affections oculaires

Des yeux gonflés et collés, que la tortue ne parvient parfois pas à ouvrir, sont des symptômes de conjonctivite, parfois aussi causés par une carence en vitamine A. Une pommade anti-inflammatoire et contenant de la vitamine A règle rapidement le problème. Des yeux rentrés trahissent souvent une déshydratation. Laissez l'animal se baigner longuement dans l'eau chaude. Beaucoup de tortues ne boivent qu'en se baignant. La meilleure prévention consiste à assurer aux tortues une humidité suffisante et à leur offrir la possibilité de boire et de se baigner fréquemment.

Les blessures

Pour soigner les morsures légères, les écorchures au niveau du cloaque, les écailles arrachées sur les pattes antérieures et autres blessures légères, je les désinfecte et je les passe à la bombe cicatrisante. Ces petites blessures guérissent généralement sans problème, sinon je conseille d'appliquer une pommade cicatrisante. De meilleures conditions de vie en groupe limitent les morsures. Isolez temporairement les mâles trop enclins à mordre.

Les parasitoses

Certaines des maladies les plus fréquentes chez les tortues sont provoquées par des attaques massives de parasites.

Les ectoparasites ⟨⟨⟨

Les parasites prélèvent leur nourriture dans le corps de leur hôte ; ce sont des animaux invertébrés, mais aussi des organismes unicellulaires. Les parasites sont fréquents chez les tortues sauvages. Les maladies provoquées par ces parasites sont parfois bénignes, mais elles peuvent aussi entraîner la mort

de l'hôte. Les tortues ont souvent des ectoparasites, c'est-à-dire des parasites vivant à l'extérieur de leur hôte, comme les tiques, les acariens ou les asticots.

Les tiques se repèrent généralement à l'œil nu et doivent être enlevées sans délai en les tournant avec les doigts ou avec une pincette. Attention à ne pas arracher la tête, qui est fichée dans la peau de l'hôte. Si cela se produit, appliquez une pommade anti-inflammatoire. Souvent, un durillon se forme à cet endroit et tombe à la mue suivante. Je déconseille d'enduire la tique d'huile, de vaseline ou avec un produit toxique, car elle a le temps de transmettre des maladies à l'hôte pendant qu'elle meurt.

Les acariens sont rares chez les tortues. Je n'en ai jamais entendu parler chez la tortue d'Hermann mais ils sont naturellement présents dans le milieu de vie.

Les asticots sont fréquents en été sur les blessures. Ce sont surtout les mâles qui sont concernés. Pendant la saison des amours, la région du cloaque se couvre parfois d'écorchures dues aux frictions au cours des tentatives d'accouplement. Les mouches pondent leurs œufs sur les plaies humides et de petits asticots éclosent après un ou deux jours. Ceux-ci se fixent sur la blessure et pénètrent dans les tissus en les mangeant. Examinez souvent vos mâles, mais aussi les femelles pendant la saison des amours. Si vous trouvez des asticots, enlevez-les jusqu'au dernier. Désinfectez les tissus profonds. Si l'inflammation est conséquente, le vétérinaire administrera des antibiotiques. En été, vérifiez régulièrement toutes vos tortues pour repérer rapidement les blessures et éviter une attaque d'asticots.

> Tiques à la base de la queue d'une tortue bordée (*T. marginata*) en Grèce.

> Même les plus grosses tiques s'enlèvent facilement par une torsion avec une pincette.

◁ Jeune *T. her-manni boettgeri* à la carapace endommagée par une mor-sure de chien, dans son milieu naturel.

Les endoparasites ⩓⩓⩓

Il s'agit de parasites qui vivent à l'intérieur du corps de la tortue. En général, leur présence est trahie par leurs œufs dans le cadre d'une analyse des crottes. Si un animal s'avère porteur de parasites, il faut traiter l'ensemble du groupe pour éviter une recontami-nation. Les endoparasites sont courants chez les tortues élevées en groupe et en plein air, et ils passent la plupart du temps inaperçus. Un refus de man-ger associé à une perte de poids laisse soupçonner la présence éventuelle d'endoparasites.

L'administration d'un vermifuge est à discuter avec le vétérinaire, qui déter-minera le médicament à utiliser et son dosage. Les endoparasites les plus fré-quents chez la tortue d'Hermann sont probablement les **nématodes**, dont la présence est trahie par leurs œufs ova-les relativement gros, à coque épaisse que l'on observe au microscope. Ces parasites de 1 à 8 mm de long, qui se tiennent dans la partie terminale de l'intestin, ne semblent nuire à leur hôte qu'en cas d'attaque massive. Ils peuvent alors endommager la muqueuse intes-tinale et favoriser les infections bacté-riennes. Consultez le vétérinaire. Les **ascaris** se reconnaissent à leur grande taille, entre 8 et 12 mm de long. Leurs

▽ Ascaris expulsé après un traite-ment vermifuge. Ces parasites peuvent être encore plus grands et cau-ser de sérieux problèmes à leur hôte.

œufs à coque dure sont ronds à ovales et peu ou pas fourchus. Consultez aussi le vétérinaire.

Les infections par des organismes unicellulaires comme les hexamita, les amibes et les coccidies doivent être diagnostiquées et soignées par le vétérinaire. Respectez scrupuleusement le traitement et les doses qu'il vous aura indiqués. Ne pas entreprendre de traitement sans avis vétérinaire. Je vous conseille de faire analyser les crottes de vos tortues une fois par an. Une observation attentive de vos tortues vous permettra souvent de repérer un début de maladie aux modifications de leur comportement. Une alimentation équilibrée et pleine de bon sens ainsi que des conditions de vie optimales restent encore la meilleure prévention, garante de la bonne santé de vos protégées.

Cet hybride tient sa bande caudale noire de sa mère *T. marginata* et ses pointes cornées à la base de la cuisse de son père *T. graeca*.

Les tortues hybrides ⬦⬦⬦

En raison de leurs aires géographiques séparées, les hybrides des deux sous-espèces de tortues d'Hermann (*T. hermanni hermanni* et *T. hermanni boettgeri*) n'existent pas dans la nature. En revanche, des hybridations avec d'autres espèces ne sont pas à exclure. En captivité, on connaît en revanche des hybrides entre les deux sous-espèces. Ils présentent des caractéristiques de chacune.

Pour conserver la pureté des sous-espèces, il est donc préférable de les élever dans des enclos séparés. Il existe aussi quelques hybrides entre la tortue d'Hermann et la tortue des steppes, *Testudo horsfieldii*. Dans mon élevage, une tortue des steppes a pondu quatre œufs, dont un seul a éclos. Les trois autres contenaient trois fœtus complètement développés mais n'ayant pas survécu à diverses malformations. Le survivant était très contrasté et ses couleurs aussi. Mais ses yeux étaient très modifiés, faisant soupçonner une malformation. Ils étaient très petits et presque toujours fermés. Je n'ai pas pu constater s'il voyait ou non, mais il semblait trouver la nourriture uniquement par l'odorat. Hélas, il est mort après une année. Cet incident m'a incité à ne plus élever mes tortues d'Hermann et mes tortues des steppes dans le même enclos.

Il faut également renoncer à élever ensemble la tortue bordée, *Testudo marginata*, et la tortue grecque, *Testudo graeca*, qui ont également tendance à s'hybrider. Leurs hybrides ressemblent beaucoup à la tortue bordée, mais leur plastron ne présente pas les taches

« Les hybrides sont très robustes et grandissent très vite. À gauche *Testudo graeca*, au centre l'hybride et à droite *Testudo marginata*.

« Les mêmes vus par-dessous. À gauche *Testudo graeca*, au centre l'hybride et à droite *Testudo marginata*.

noires triangulaires de cette dernière et reste dépigmenté. De même, ils possèdent près des cuisses les écailles pointues typiques de la tortue grecque, ainsi qu'une bande noire sur la queue caractéristique de la tortue bordée. Ces hybrides sont très robustes et ont une croissance très rapide. Ces hybrides ont peut-être un intérêt scientifique, mais si l'on veut conserver les espèces les plus pures possibles pour l'avenir, ces hybridations sont à éviter absolument. Si vous avez déjà des tortues de différentes espèces, essayez de les échanger avec un autre amateur afin de n'héberger qu'une seule espèce ou sous-espèce à la fois dans le même enclos.

Les anomalies des écailles ⌃⌃⌃

La carapace de la tortue d'Hermann est très variable. On trouve régulièrement des individus qui s'écartent de

l'aspect typique, ce qui peut rendre malaisée la détermination de la sous-espèce pour des personnes manquant d'expérience. Pour déterminer une espèce, il faut tenir compte de l'ensemble des caractères ainsi que de l'origine géographique des animaux. Les anomalies suivantes sont celles que j'ai observées chez la tortue d'Hermann.

Les écailles supracaudales

Il y en a normalement deux, mais elles sont soudées chez certains individus, pourtant ce sont bien des tortues d'Hermann. En revanche, la supracaudale unique est typique de la tortue grecque, mais il existe aussi des exceptions. La tortue grecque n'a pas de pointe cornée au bout de la queue, mais des pointes cornées entre les cuisses et la base de la queue.

Les écailles vertébrales

Normalement au nombre de cinq, les écailles vertébrales sont parfois plus nombreuses ou divisées. Il arrive même qu'elles soient alignées en diagonale ou de manière asymétrique.

L'écaille nucale

Cette petite écaille au niveau de la nuque existe chez toutes les espèces du genre *Testudo*, mais il arrive qu'elle soit absente.

Les écailles costales

La tortue d'Hermann possède normalement quatre écailles sur chaque côté de la dossière. Mais elles sont parfois plus nombreuses ou alignées diagonalement, ou au contraire soudées entre elles.

∨ Mâle de *T. hermanni boettgeri* avec les écailles supracaudales soudées en une seule.

⟩ *T. graeca ibera* avec l'écaille supracaudale nettement divisée en deux.

> Cette jeune tortue présente à la fois des anomalies des écailles costales et des écailles marginales antérieures, ce qui est rarissime.

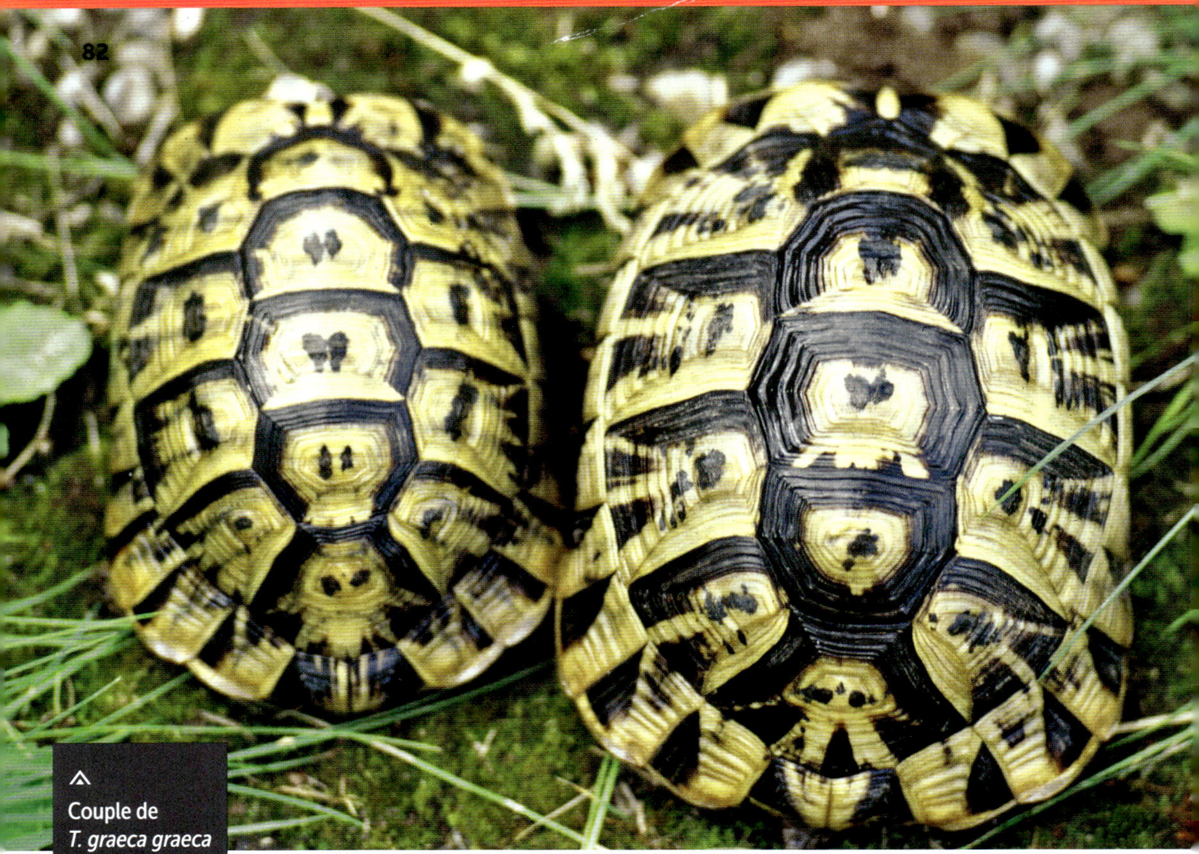

Couple de *T. graeca graeca* avec l'écaille supracaudale nettement divisée en deux. Une anomalie rare chez cette espèce.

Ces anomalies des écailles ont été observées chez des animaux en captivité, mais aussi chez des individus sauvages. On ne sait pas très bien ce qui provoque ces malformations, mais elles se produiraient quand on tourne les œufs dans l'incubateur. Chez mes tortues, j'observe régulièrement de telles anomalies. Les animaux concernés se développent comme les autres et les anomalies ne semblent pas les désavantager. Les anomalies des écailles peuvent ne concerner qu'un seul côté.

Une facétie de la nature: des siamois chez *T. hermanni boettgeri*. Les deux têtes sont en mesure d'avaler de la nourriture.

Les griffes

Exceptionnellement, certaines tortues d'Hermann ont quatre griffes aux pattes antérieures au lieu de cinq. C'est normalement un critère de reconnaissance de la tortue des steppes, *Testudo horsfieldii*. Parfois, ce nombre anormal de griffes ne concerne qu'un seul côté.

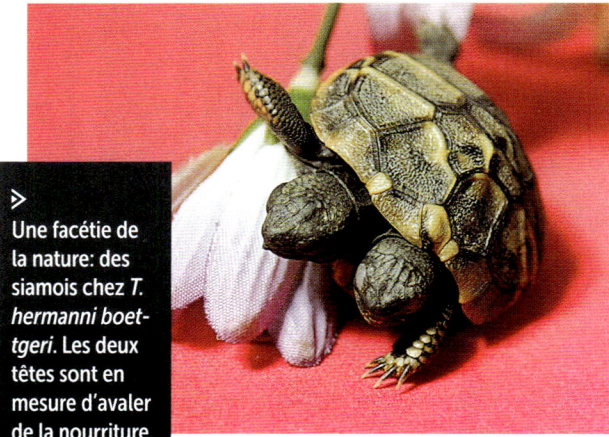

La protection des tortues

Avant d'acheter une tortue, il faut se renseigner sur la biologie de l'espèce, les conditions d'élevage adéquates et préparer un terrarium ou un enclos conforme à ses besoins. Bien sûr, l'achat d'un animal issu d'élevage doit être privilégié.

Les obligations envers les animaux de compagnie ⌂⌂⌂

Les recommandations qui suivent découlent de la loi de protection des animaux de 1976 et de la Convention européenne pour la protection des animaux de 1987, ratifiée par la France en 2004. Toute personne détenant un animal doit le nourrir, le soigner et l'héberger dans le respect de ses besoins et de son comportement. Le besoin de mobilité de l'animal ne doit pas être limité au point d'entraîner des souffrances ou des dommages inutiles.

Il y a des espèces qui conviennent au débutant informé, et d'autres qui ne conviennent qu'aux spécialistes. Il est donc important de se renseigner. Les vendeurs, revues et sites spécialisés vous indiqueront les espèces conseillées et déconseillées aux débutants. La fiche de renseignements qui accompagne l'animal ne remplace pas la lecture d'ouvrage spécialisés et ne vous fournira pas les connaissances nécessaires à l'élevage d'une tortue.

Les recommandations suivantes correspondent à l'état actuel des connaissances et doivent être régulièrement actualisées.

Climatisation, éclairage et humidité ⌂⌂⌂

Les reptiles sont des animaux exothermes (à « sang froid »), dont le métabolisme dépend en grande partie de la température extérieure. Une climatisation du terrarium conforme aux températures de leur environnement naturel est indispensable à leur élevage et à leur reproduction. Il est donc nécessaire que la température puisse varier et qu'elle baisse notamment pendant la nuit.

N'oubliez pas que les tortues, comme beaucoup de reptiles, régulent aussi leur température par leur comportement, notamment en changeant de place, ce qui leur permet de conserver une température corporelle (ou température d'activité) plus ou moins constante.

Une source de chaleur associée à l'éclairage est importante pour aider les animaux à atteindre une température corporelle optimale. Au plus fort de la saison active, la température de l'air doit être au moins de 23 à 26 °C pendant la journée pour la plupart des espèces.

La lumière naturelle ou artificielle est nécessaire à l'activité et à la santé de toutes les tortues, car elle leur fournit l'alternance jour-nuit et leur indique les variations de la longueur du jour, déclencheurs de l'hibernation. L'intensité de la lumière est un facteur déterminant. Les lampes ou tubes fluorescents doivent être installés de manière conforme afin d'éviter les risques de brûlures. Des phases de repos associées à la diminution de la lumière et à la baisse de la température, comme l'hibernation chez les tortues européennes, sont indispensables pour que les animaux se reproduisent et vivent de nombreuses années.

L'humidité de l'air et du substrat est également essentielle à la bonne santé des reptiles. Tous ces facteurs environnementaux doivent correspondre aux conditions qui règnent dans leur milieu naturel d'origine. Il faut tenir compte non seulement du macroclimat, mais aussi du microclimat, qui peut s'écarter fortement du macroclimat. Des instruments de mesure de la température et de l'humidité de l'air sont indispensables pour réguler le climat du terrarium.

L'alimentation ✿✿✿

Une alimentation adéquate doit être fournie aux tortues. Elle doit contenir les quantités de vitamines, de minéraux et de fibres indispensables à leur santé. Une alimentation végétarienne peut comprendre de la verdure (plantes sauvages, salade), et pour certaines espèces des fruits et des céréales.

Certaines espèces mangent aussi des produits animaux, mais ce n'est pas le cas de la tortue d'Hermann.

Le terrarium et l'enclos ✿✿✿

La longueur du terrarium est un multiple de la longueur du plus gros animal et dépend du besoin de mobilité des animaux. La largeur du terrarium doit être plus ou moins égale à la moitié de la longueur. Pour la tortue d'Hermann, on recommande une longueur égale à 8 longueurs de carapace et une largeur égale à 4 longueurs de carapace pour deux individus adultes. Compter une surface supplémentaire de 10 % pour le troisième et le quatrième individus, et un supplément de 20 % à partir de la cinquième tortue.

⚠ **Important**

Les aménagements indispensables du terrarium ou de l'enclos :
- *un substrat adapté de profondeur suffisante*
- *des cachettes*
- *des écuelles d'eau*
- *éventuellement des plantes, qui contribuent au microclimat et procurent des cachettes*
- *pour les femelles adultes, un lieu spécifique pour pondre.*

Des écrans visuels peuvent être nécessaires à l'intérieur de l'enclos ou entre deux terrariums.

L'élevage en groupe ✿✿✿

Pour éviter le stress en cas d'élevage en couple ou en groupe, il faut tenir compte de la structure sociale naturelle de l'espèce, sachant qu'une structure sociale avec un mâle dominant et des mâles subalternes, par exemple, n'est pas toujours possible à reproduire. Les différences individuelles sont également à prendre en compte. Si possible, prévoir plusieurs places de nourrissage. Il est possible d'élever ensemble des animaux d'espèces différentes vivant dans des milieux semblables, à condition qu'elles ne s'influencent pas négativement.

Les soins ✿✿✿

Des soins respectueux des animaux incluent propreté et hygiène, ainsi que des contrôles réguliers de leur santé et l'administration des traitements nécessaires.

⚠ Quelques recommandations particulières

Des conditions et des lieux de détention distincts peuvent s'imposer pour la quarantaine et le traitement des animaux malades, pour la simulation des phases de repos et pour l'élevage des jeunes.

La protection des espèces ✧✧✧

La tortue d'Hermann est une espèce menacée d'extinction en Europe et la nécessité de sa protection est indiscutable. L'achat d'une tortue d'Hermann répond à diverses règles. Il est strictement interdit de rapporter une tortue de son lieu de vacances. N'achetez jamais de tortues sur les marchés dans leurs pays d'origine pour les rapporter chez vous ou les relâcher dans la nature. On trouve dans le commerce suffisamment de tortues nées en élevage : il faut toujours les préférer à un animal capturé illégalement dans la nature. Pour prouver la légalité de votre achat, le vendeur doit vous remettre les documents correspondants : CITES ou certificat intracommunautaire européen (CIC), qui ont la même valeur en Europe. CITES signifie *Convention on International Trade of Endangered Species*, découlant de la Convention de Washington sur la protection des espèces, qui régit le commerce des espèces animales et végétales menacées d'extinction. Sans ces documents, l'achat et le transport d'une tortue d'Hermann sont illégaux.

Il faut aussi **déposer une demande d'autorisation de détention d'animaux non domestiques auprès des services vétérinaires** de votre département (DDPP), dans laquelle on vous demandera de prouver l'origine légale de vos animaux. Les tortues qui entrent dans votre petit élevage et celles qui en sortent doivent être consignées dans un registre des entrées et sorties, qui peut être à tout moment contrôlé par l'administration. Ce registre doit contenir le nom scientifique de l'espèce, le sexe, l'origine, la date d'acquisition ou de cession et le numéro du document CITES ou du CIC. **En cas d'achat ou d'échange, le vendeur doit aussi vous fournir un bon de cession et un certificat de marquage.** Le marquage des animaux est en effet obligatoire et à réaliser par une vétérinaire. Ce bon n'est pas exigible pour les tortues nées chez vous, mais elles doivent figurer dans le registre et être marquées. Procurez-vous un CIC auprès de l'administration avant de procéder à une vente ou à un échange. **N'achetez jamais de tortue sans les documents obligatoires, car il pourrait s'agir d'un animal importé illégalement.**

▷ Astuce

Les documents nécessaires à la détention et l'achat d'une tortue d'Hermann peuvent être téléchargés sur le site du ministère de l'Écologie ou celui de La Ferme Tropicale.

◁ La puce d'identification est insérée sous la peau de la tortue par le vétérinaire. Elle mesure 5 mm.

> Le climat

Pour bien comprendre les besoins de chaleur, de luminosité et la nécessité pour les tortues de s'abriter au sec, voici un comparatif de deux de leurs régions d'origine avec la mienne, en Allemagne, dont le climat est comparable à celui du quart nord-est de la France.

Les données climatiques ◈◈◈

Les conseils d'élevage donnés dans ce livre sont basés sur mon expérience. Je vis à Passau, à la frontière austo-allemande, où le climat est plus ou moins comparable à celui du quart nord-est de la France, mais diffère beaucoup de celui de l'ouest et du Midi.

Informez-vous sur le climat de votre région et de la région d'origine de vos tortues, afin de fournir des conditions de vie optimales à vos protégées.

Je vous présente à titre d'exemple les données climatiques de sa ville de Passau, de Patras en Grèce et d'Alghero en Sardaigne.

En comparant les températures des différents lieux, on réalise à quel point la chaleur et l'ensoleillement sont cruciaux pour nos tortues. La durée d'ensoleillement est de 1 000 heures plus longues à Patras et de 962 heures à Alghero. Nous devons donc nous efforcer d'exposer nos tortues au soleil aussi souvent que possible.

Comparez aussi les données climatiques de votre région à celle de la région d'origine de vos tortues. Vous constaterez que, à l'exception du littoral méditerranéen, les températures estivales de nos latitudes correspondent aux températures de la fin du printemps ou du début de l'été dans les pays d'origine de la tortue d'Hermann.

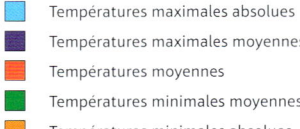

Températures maximales absolues
Températures maximales moyennes
Températures moyennes
Températures minimales moyennes
Températures minimales absolues

Les courbes de température ⌇⌇⌇

Passau, Allemagne, altitude 409 m
(comparable au nord-est de la France)

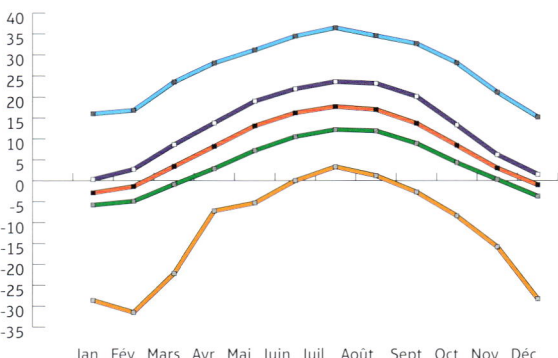

Patras, Grèce, altitude 43 m

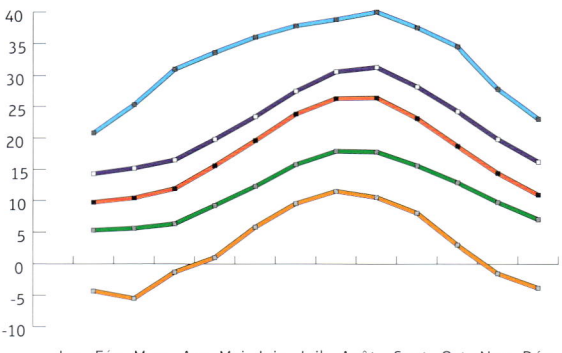

Alghero, Sardaigne, altitude 40 m

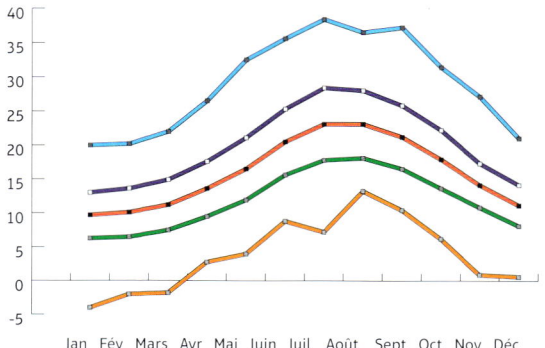

Le nombre de jours de précipitations ⬧⬧⬧

Passau

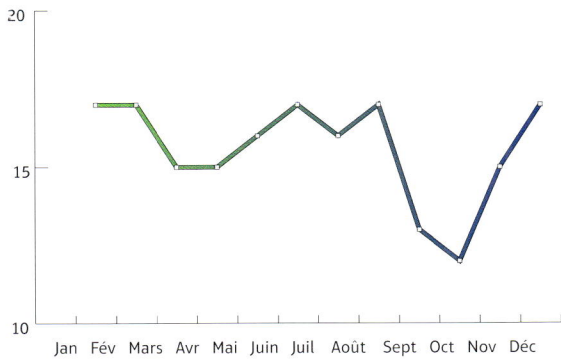

Nombre de jours de précipitations supérieures à 0,1 mm

Patras

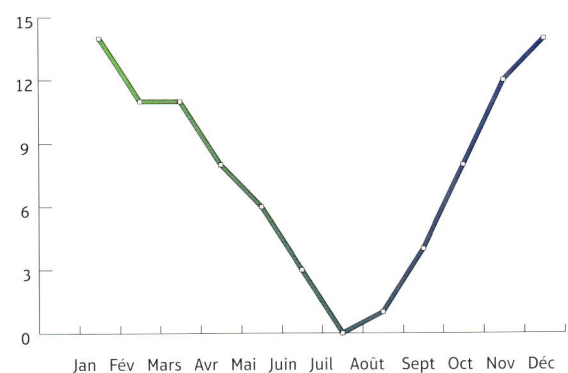

Nombre de jours de précipitations supérieures à 0,1 mm

Alghero

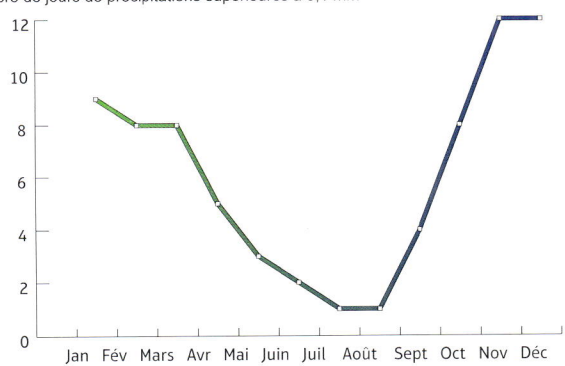

Nombre de jours de précipitations supérieures à 0,1 mm

La durée d'ensoleillement 〽〽〽

Passau

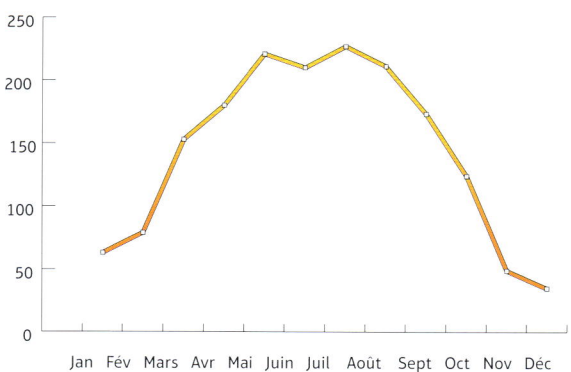

Patras

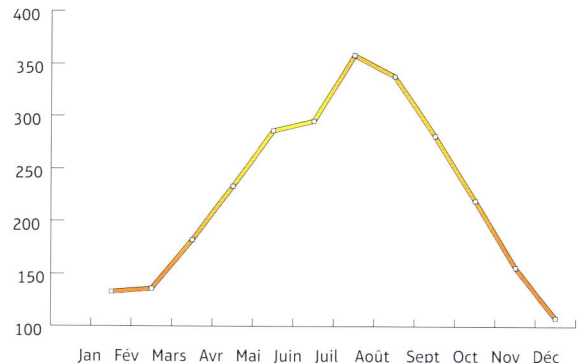

Alghero

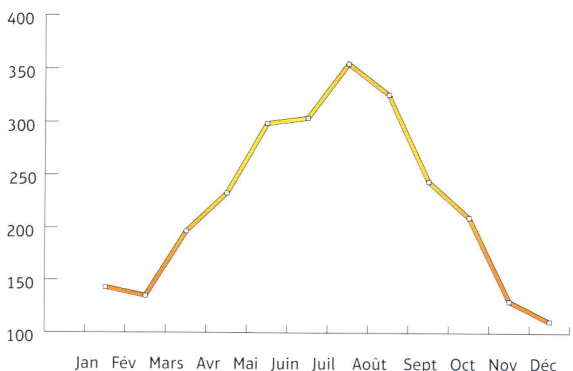

>>> Index

Responsabilité

L'auteur et l'éditeur se sont efforcés d'apporter les informations les plus fiables possibles. Des erreurs ne peuvent toutefois être totalement exclues. Leur responsabilité pour les dommages éventuels qui pourraient en résulter ne pourra être juridiquement invoquée.

Crédits photographiques

Toutes les photos sont de de l'auteur, sauf :
Philippe Rocher : pp. 2, 8, 11b, 20-21, 22, 29, 31b, 40, 42-43, 44, 56, 61, 62b et h, 64, 70, 83, 84, 87.
Fotolia : pp. 88, 93.

Remerciements

L'auteur remercie Karl-Heinz Reiser de Passau pour la relecture du manuscrit, Thomas Hägele de Aalen pour l'autorisation de photographier, ainsi que toutes les autres personnes dont l'aide et les conseils ont contribué à la réalisation de ce livre.
Révision scientifique : Dr Dieter Schmidt et Dr Jürgen Schmidt.

L'édition originale de ce titre a été publiée en allemand sous le titre
« Landschildkröten » © 2010, Stuttgart (Hohenheim).

Traduit de l'allemand par : Pierre Bertrand.

Actualisé et validé par : Karim Daoues, Cédric Bordes
La Ferme Tropicale (Paris) en 2014.
Conception graphique : Bénédicte Dumont
Responsable éditoriale : Raphaèle Dorniol
Impression : Westermann, Zwikau

© 2014 Les Éditions Ulmer
24, rue de Mogador
75 009 Paris
Tél. : 01 48 05 03 03
Fax : 01 48 05 02 04
www.editions-ulmer.fr

ISBN : 978-2-84138-708
N° d'édition : 708-02
Dépôt légal : mai 2014
Printed in Germany